特种作业人员安全技术培训考核教材

金属焊接与切割作业

中国第一汽车集团公司教育培训中心组织编写
主编　付志达
参编　王　蕾　赵　和

机械工业出版社

本书根据国家安全生产监督管理局颁布的《特种作业人员安全技术培训大纲及考核标准》，参考实际需要编写，是金属焊接与切割作业人员的安全技术培训考核用书。

本书系统介绍了金属焊接与切割作业人员应学习掌握的安全技术理论知识和操作技能，包括安全生产法律法规知识与职业规范、气焊与气割安全、常用焊接方法及安全、其他金属焊接与切割及安全、焊接与切割事故典型案例分析和电气安全等内容。

书末有与之配套的安全技术理论考核复习题及答案，以便于自检自测。

本书主要用作金属焊接与切割作业人员的安全技术培训考核教材，也可作为各企事业单位安全管理和相关技术人员的参考用书，还可作为各级职业技术院校相关专业师生的参考用书。

图书在版编目（CIP）数据

金属焊接与切割作业/付志达主编. —北京：机械工业出版社，2010.3（2024.2 重印）

（特种作业人员安全技术培训考核教材）

ISBN 978-7-111-29958-5

Ⅰ.①金… Ⅱ.①付… Ⅲ.①金属材料-焊接-安全技术②金属-切割-安全技术 Ⅳ.①TG457.1②TG48

中国版本图书馆 CIP 数据核字（2010）第 035700 号

机械工业出版社（北京市百万庄大街 22 号 邮政编码 100037）

策划编辑：荆宏智 责任编辑：侯宪国 版式设计：张世琴

封面设计：王伟光 责任校对：姜 婷 责任印制：李 昂

北京中科印刷有限公司印刷

2024 年 2 月第 1 版第 6 次印刷

184mm×260mm · 7 印张 · 170 千字

标准书号：ISBN 978-7-111-29958-5

定价：25.00 元

电话服务	网络服务
客服电话：010-88361066	机 工 官 网：www.cmpbook.com
010-88379833	机 工 官 博：weibo.com/cmp1952
010-68326294	金 书 网：www.golden-book.com
封底无防伪标均为盗版	机工教育服务网：www.cmpedu.com

特种作业人员安全技术培训考核教材

编 审 委 员 会

序

安全生产关系企业员工生命及企业资产安全，因此国家历来十分重视安全生产工作，建立了安全生产监管体系，颁布实施了《中华人民共和国安全生产法》等法律法规，明确了安全生产责任。

特种作业人员是直接从事对自身、他人和周围设施的安全有重大危害因素的作业，并大量接触重大危险源，他们生产作业的规范、正确与否，对企业安全生产有重大影响，因此对特种作业人员的安全技术培训是我国劳动保护工作的一项重要内容，是强化企业安全生产管理的必要手段。为规范特种作业人员培训、考核工作，防止人员伤亡事故，促进安全生产，依据《安全生产法》和有关法律、行政法规，国家安全生产监督管理总局"特种作业人员安全技术培训考核管理规定"中要求，特种作业人员必须经专门的培训，具备相应特种作业的安全技术知识，经安全技术理论考核和实际操作技能考核合格，取得特种作业操作资格证书，方可上岗作业。做好这项工作对于增强特种作业人员的安全生产意识，保障特种作业人员及他人在生产过程中的安全与健康，提高企业的经济效益，促进国民经济的发展，推动安全生产具有非常重要的意义。

中国第一汽车集团公司教育培训中心是经国家安全生产监督管理总局考核评价，颁发具有国家二级安全生产培训资质的培训机构，每年完成大量安全生产培训工作。在特种作业人员培训过程中，我们感觉现有的安全技术培训教材篇幅大，文字陈述过多，理论知识过深，安全生产知识与技能不突出，国家相关法律法规和特种作业人员的责任、权利与义务内容薄弱，不能适应培训的需要。

为此，我们通过广泛深入的调研，参照国际上先进的培训理念与模式，根据国家安全生产监督管理局颁布的《特种作业人员安全技术培训大纲及考核标准》，参考实际需要，编写了这套特种作业人员安全技术培训考核教材。这套培训教材具有以下特色：

1. 依据培训大纲编写，突出重点内容，兼顾实用性、针对性、可操作性

以《特种作业人员安全技术培训大纲及考核标准》中对安全技术理论和安全操作技能要求为基础，参考实际需要确定内容，在涵盖考核标准要求的知识点的前提下，不求系统性、完整性，追求针对性、实用性，重在使读者掌握必备的安全要点。

2. 采用模块课题形式，将技术与安全、理论与实际操作技术融于一体

根据特种作业人员作业所涉及的工作内容设立课题，课题下再分若干任务项目，每项任务下提出"技能点"、"知识点"、"安全要点"，再按"任务分析"、"相关专业知识"、"任务实施"的顺序进行详细讲解，将技术与安全、理论与实际操作技术融于一体。

3. 内容全面，包含法律法规、安全培训、案例分析、考核复习题及答案

培训内容以安全生产作业必备的知识点、技能点、安全要点为主体，还介绍了我国安全生产法律、法规的知识，并选择具有典型性、代表性的事故案例进行全面、透彻的分析，书末有与之配套的安全技术理论考核复习题及答案，以便于自检自测。

4. 形式新颖，图文并茂，在重要内容处加重点提示或安全提示旁白内容

本教材摒弃了传统培训教材篇幅大、文字陈述过多、理论知识过深的弊端，本着“少而精”、“实用易读”的原则，采用图文并茂、图示为主的形式表述培训内容，重要的文字内容或插图旁有重点提示或安全提示旁白，以增加读者的阅读兴趣。

本系列培训教材在编写过程中力求“实用”、“够用”、“管用”，重在使读者掌握必备的安全要点，可用作各级各类安全生产培训部门、企业培训部门、各类培训机构以及再就业人员和农民工进行安全生产培训和考核的教材，也可作为各企事业单位安全管理和相关技术人员的参考用书，还可作为各级职业技术院校相关专业师生的参考用书。

本系列培训教材在调研、策划、编写过程中，得到上海汽车集团股份有限公司、东风汽车公司等企业培训中心，中国一汽集团公司生产控制部、检测中心有关领导、专家、工程技术人员的大力支持和帮助，在此表示衷心的感谢。

教材中难免存在不足之处，诚恳希望从事安全生产及特种作业人员培训的专家和广大读者不吝赐教，批评指正。

中国第一汽车集团公司教育培训中心

前　言

金属焊接与切割作业是一种特种作业，操作中容易发生各类事故及伤害，对操作者本人、他人及周围设施、设备的安全造成重大危害。从统计资料分析，大量的事故都发生在这些作业中，而且大多数事故是由于直接从事这些作业的操作人员缺乏安全知识、安全操作技能或违章作业造成的。因此，加强对直接从事这些操作的作业人员即特种作业人员进行安全技术培训和考核并定期进行复审是非常重要的。

本书在编写过程中参考了国家安全生产监督管理局于2002年10月颁布的《特种作业人员安全技术培训大纲及考核标准》、国家《金属焊接与切割作业人员安全技术考核标准》中的有关规定和要求。内容包括安全生产法律法规知识概述、常见作业危害的预防、焊接设备操作安全的基本知识、安全技术理论考核复习题及答案。

特种作业人员培训工作已经开展多年，具有广泛的社会影响和群众基础。从目前情况来看，一些出版的培训和复审教材理论知识太多、偏深。本书从安全工作的角度出发，根据作者多年的教学实践，编写力求简明实用，深入浅出，图文并茂，内容通俗易懂，注重实际安全操作，实用性强，有利于提高焊接工人的操作水平和事故处理的应变能力，本书可作为从事焊接操作的人员进行安全技术培训和考核及定期进行复审培训的教材。

本书在调研与编写过程中得到了中国一汽集团公司培训中心的田力飞、战淑红等领导的大力支持，同时中国一汽集团公司各工厂及中国一汽集团公司的有关同志也给予了很多帮助和支持，在此一并表示衷心的感谢！由于编者水平有限，书中错误在所难免，请各位读者批评指正。

编　者

目　　录

课题一　安全生产法律法规知识与职业规范

技能点

- 能够运用法律知识保护自身及他人权益

知识点

- 《安全生产法》相关知识
- 《劳动法》相关知识
- 《职业病防治法》相关知识
- 《工伤保险条例》相关知识
- 安全生产主要法律制度

一、任务分析

特种作业人员除在技术上有更高要求之外，还应该有较强的法制意识，学法懂法，严格按要求规范操作，确保安全生产，保护自身及他人权益。法例与工作守则如图 1-1 所示。

图 1-1　法例与工作守则

二、相关专业知识

（一）概述

我国正在建立的包括起重司索在内的特种设备法规标准体系由法律、行政法规、部门规章、规范性文件和相关标准及技术规定 5 个层次构成。

1. 法律

法律是由全国人民代表大会或省级人民代表大会通过和批准的。我国现行的与特种设备有关的法律主要有《安全生产法》《劳动法》《产品质量法》《商品检验法》《职业病防治法》。

国家正在制定《特种设备安全监察法》，将以《特种设备安全监察条例》为基础立法，其内容将涵盖锅炉、压力容器、压力管道、电梯、起重机械、客运索道、大型游乐设施、场内机动车辆等各类特种设备的设计、制造、销售、安装、使用、检验、维修、改造等各项活动。

2. 行政法规

行政法规包括国务院颁布的行政法规和国务院部委以令的形式颁布的与特种设备相关的部门行政章程。

《特种设备安全监察条例》是国务院以令的形式颁布的用以规范特种设备的生产、使用、检验检测及其安全监察的专门法规。

《国务院关于特大安全事故行政责任追究的规定》是另一部重要的法规，该法规明确规定发生特大安全事故，将追究行政首长的责任。压力容器和锅炉、压力管道等安全事故被称为七类特大安全事故之一。

3. 部门规章

部门规章是指国家质检总局局长以令的形式发布的办法、规定、规则，如《特种设备事故处理规定》等。

4. 安全技术规范

安全技术规范是指以总局领导签署或授权签署，以总局名义公布的技术规范和管理规范。管理规范包括各种管理规则、核准规则、考核规则和程序等；技术规范包括各种安全技术监察规程、检验细则、评定细则和考核大纲等。

5. 技术标准

技术标准是指由行业或技术团体提出，经有关部门批准的技术文件，有国家标准、行业标准和企业标准。国家标准又分为强制性标准和推荐执行标准。涉及安全卫生的领域必须实行国家强制性标准。企业标准应当高于行业标准，更应高于国家标准。行业标准是对没有国家标准而又需要在全国某个行业范围内统一技术要求而制定的标准。

（二）《安全生产法》

为了加强安全生产监督管理，防止和减少生产安全事故，保障人民群众的生命和财产安全，促进经济发展，我国于 2002 年 6 月 29 日颁布了《中华人民共和国安全生产法》（简称《安全生产法》），于 2002 年 11 月 1 日起施行。

《安全生产法》是我国第一部关于安全生产的专门法律，适用于各个行业的生产经营活动。

1. 从业人员享有的五项权利

（1）知情、建议权 《安全生产法》第四十五条规定：“生产经营单位的从业人员有权了解其作业场所和工作岗位存在的危险因素、防范措施及事故应急措施，有权对本单位的安全生产工作提出建议。”

与此相对应，责任方有完整、如实告知的义务，不得隐瞒和欺骗，同时对安全生产方面的合理建议有接受和改进的义务。

（2）批评、检举、控告权 《安全生产法》第四十六条规定：“从业人员有权对本单位安全生产工作中存在的问题提出批评、检举、控告；……生产经营单位不得因从业人员对本单位安全生产工作提出批评、检举、控告……而降低其工资、福利等待遇或者解除与其订立的劳动合同。”

（3）合法拒绝权 《安全生产法》第四十六条规定：“从业人员……有权拒绝违章指挥和强令冒险作业。……生产经营单位不得因从业人员……拒绝违章指挥、强令冒险作业而降低其工资、福利等待遇或者解除与其订立的劳动合同。”

（4）遇险停、撤权 《安全生产法》第四十七条规定：“从业人员发现直接危及人身安全的紧急情况时，有权停止作业或者在采取可能的应急措施后撤离作业场所。生产经营单位不得因从业人员在紧急情况下停止作业或采取紧急撤离措施而降低其工资、福利等待遇或者解除与其订立的劳动合同”。

（5）保（险）外索赔权 《安全生产法》第四十八条规定：“因生产安全事故受到损害的从业人员，除依法享有工伤社会保险外，依照有关民事法律尚有获得赔偿的权利的，有权向本单位提出赔偿要求。”

2. 从业人员的义务

法制的基本特征之一是权利和义务应该对等。

（1）遵章作业的义务　《安全生产法》第四十九条规定：“从业人员在作业过程中，应当严格遵守本单位的安全生产规章制度和操作规程，服从管理……”

（2）佩戴和使用劳动防护用品的义务《安全生产法》第四十九条规定：“从业人员在生产过程中，应当正确佩戴和使用劳动防护用品。”

（3）接受安全生产教育培训的义务《安全生产法》第五十条规定：“从业人员应当接受安全生产教育和培训，掌握本职工作所需的安全生产知识，提高安全生产技能，增强事故预防和应急处理能力。”

（4）安全隐患报告义务　《安全生产法》第五十条规定：“从业人员发现事故隐患或者其他不安全因素，应当立即向现场安全生产管理人员或者本单位负责人报告；接到报告的人员应当及时予以处理。”

3. 对特种作业人员的规定

《安全生产法》第二十三条规定：“生产经营单位的特种作业人员必须按照国家有关规定经专门的安全作业培训，取得特种作业操作资格证书，方可上岗作业。”

结合《劳动法》的相关规定，特种作业人员必须取得两证才能上岗：一是特种作业资格证（技术等级证）；二是特种作业操作资格证（即安全生产培训合格证）。两证缺一即可视为违法上岗或违法用工。

（三）《劳动法》

1994 年 7 月 5 日，第八届全国人民代表大会常务委员会第八次会议通过了《中华人民共和国劳动法》（简称《劳动法》），并于 1995 年 1 月 1 日起施行。《劳动法》的立法目的是为了保护劳动者的合法权益，调整劳动关系，建立和维护适应社会主义市场经济的劳动制度，促进经济发展和社会进步。

《劳动法》中特种作业人员需要掌握的主要内容如下：

1）第五十四条规定：“用人单位必须为劳动者提供符合国家规定的劳动安全卫生条件和必要的劳动防护用品，对从事有职业危害作业的劳动者应当定期进行健康检查。”

2）第五十五条规定：“从事特种作业的劳动者必须经过专门培训并取得特种作业资格。”

3）第五十六条规定：“劳动者在劳动过程中必须严格遵守安全操作规程。劳动者对用人单位管理人员违章指挥、强令冒险作业，有权拒绝执行；对危害生命安全和身体健康的行为，有权提出批评、检举和控告。”

（四）《职业病防治法》

《职业病防治法》的立法目的是为了预防、控制和消除职业病危害，防治职业病，保护劳动者健康及其相关权益，促进经济发展。

《职业病防治法》中特种作业人员需要掌握以下主要内容：

1）第四条规定：“用人单位应当为劳动者创造符合国家职业卫生标准和卫生要求的工作环境和条件，并采取措施保障劳动者获得职业卫生保护。”

2）第六条规定：“用人单位必须依法参加工伤社会保险”。

3）第十三条规定：“产生职业病危害的用人单位的设立除应当符合法律、行政法规规的规定，特种作业人员必须持证上岗，如图 1-2 所示。

（1）基本条件　基本条件主要有三个：年龄满 18 周岁；身体健康，无妨碍本职工作的疾病和生理缺陷（如近视、色盲、听觉障碍、癫痫病、高血压、心脏病、眩晕症、精神病和突发性昏厥等）；初中以上文化程度。

（2）培训与考核　《特种设备安全监察条例》规定：“特种设备使用单位应当对特种设备作业人员进行特种设备安全教育和培训，保证特种设备作业人员具备必要的特种设备安全作业知识。”

图 1-2　持证上岗制度

《特种设备作业人员监督管理办法》也规定：“用人单位应当加强作业人员的安全教育和培训，保证特种设备作业人员具备必要的特种设备安全作业知识、作业技能和及时进行知识更新。没有培训能力的，可以委托发证部门组织进行培训。”

特种作业人员必须积极主动参加培训与考核，这既是法律法规规定的，也是自身工作、生产及生命安全的需要。

三、任务实施

（一）学习安全生产法律法规常识

（二）遵守安全生产制度

2. 从业人员的义务

法制的基本特征之一是权利和义务应该对等。

（1）遵章作业的义务　《安全生产法》第四十九条规定：“从业人员在作业过程中，应当严格遵守本单位的安全生产规章制度和操作规程，服从管理……”

（2）佩戴和使用劳动防护用品的义务　《安全生产法》第四十九条规定：“从业人员在生产过程中，应当正确佩戴和使用劳动防护用品。”

（3）接受安全生产教育培训的义务　《安全生产法》第五十条规定：“从业人员应当接受安全生产教育和培训，掌握本职工作所需的安全生产知识，提高安全生产技能，增强事故预防和应急处理能力。”

（4）安全隐患报告义务　《安全生产法》第五十条规定：“从业人员发现事故隐患或者其他不安全因素，应当立即向现场安全生产管理人员或者本单位负责人报告；接到报告的人员应当及时予以处理。”

3. 对特种作业人员的规定

《安全生产法》第二十三条规定：“生产经营单位的特种作业人员必须按照国家有关规定经专门的安全作业培训，取得特种作业操作资格证书，方可上岗作业。”

结合《劳动法》的相关规定，特种作业人员必须取得两证才能上岗：一是特种作业资格证（技术等级证）；二是特种作业操作资格证（即安全生产培训合格证）。两证缺一即可视为违法上岗或违法用工。

（三）《劳动法》

1994 年 7 月 5 日，第八届全国人民代表大会常务委员会第八次会议通过了《中华人民共和国劳动法》（简称《劳动法》），并于 1995 年 1 月 1 日起施行。《劳动法》的立法目的是为了保护劳动者的合法权益，调整劳动关系，建立和维护适应社会主义市场经济的劳动制度，促进经济发展和社会进步。

《劳动法》中特种作业人员需要掌握的主要内容如下：

1）第五十四条规定：“用人单位必须为劳动者提供符合国家规定的劳动安全卫生条件和必要的劳动防护用品，对从事有职业危害作业的劳动者应当定期进行健康检查。”

2）第五十五条规定：“从事特种作业的劳动者必须经过专门培训并取得特种作业资格。”

3）第五十六条规定：“劳动者在劳动过程中必须严格遵守安全操作规程。劳动者对用人单位管理人员违章指挥、强令冒险作业，有权拒绝执行；对危害生命安全和身体健康的行为，有权提出批评、检举和控告。”

（四）《职业病防治法》

《职业病防治法》的立法目的是为了预防、控制和消除职业病危害，防治职业病，保护劳动者健康及其相关权益，促进经济发展。

《职业病防治法》中特种作业人员需要掌握以下主要内容：

1）第四条规定：“用人单位应当为劳动者创造符合国家职业卫生标准和卫生要求的工作环境和条件，并采取措施保障劳动者获得职业卫生保护。”

2）第六条规定：“用人单位必须依法参加工伤社会保险”。

3）第十三条规定：“产生职业病危害的用人单位的设立除应当符合法律、行政法规规定的设立条件外，其工作场所还应当符合下列职业卫生要求：

① 职业病危害因素的强度或者浓度符合国家职业卫生标准。

② 有与职业病危害防护相适应的设施。

③ 生产布局合理，符合有害与无害作业分开的原则。

④ 有配套的更衣间、洗浴间、孕妇休息间等卫生设施。

⑤ 设备、工具、用具等设施符合保护劳动者生理、心理健康的要求。

⑥ 符合法律、行政法规和国务院卫生行政部门关于保护劳动者健康的其他要求。”

4）第二十八条规定：“任何单位和个人不得将产生职业病危害的作业转移给不具备职业病防护条件的单位和个人。不具备职业病防护条件的单位和个人不得接受产生职业病危害的作业。”

5）第三十条规定：“用人单位与劳动者订立劳动合同（含聘用合同，下同）时，应当将工作过程中可能产生的职业病危害及其后果、职业病防护措施和待遇等如实告知劳动者，并在劳动合同中写明，不得隐瞒或者欺骗。

劳动者在已订立劳动合同期间因工作岗位或者工作内容变更，从事与所订立劳动合同中未告知的存在职业病危害的作业时，用人单位应当依照前款规定，向劳动者履行如实告知的义务，并协商变更原劳动合同相关条款。

用人单位违反前两款规定的，劳动者有权拒绝从事存在职业病危害的作业，用人单位不得因此解除或者终止与劳动者所订立的劳动合同。”

6）第三十二条规定：“对从事接触职业病危害的作业的劳动者，用人单位应当按照国务院卫生行政部门的规定组织上岗前、在岗期间和离岗时的职业健康检查，并将检查结果如实告知劳动者。职业健康检查费用由用人单位承担。”

7）第三十六条规定：“劳动者享有下列职业卫生保护权利：

① 获得职业卫生教育、培训。

② 获得职业健康检查、职业病诊疗、康复等职业病防治服务。

③ 了解工作场所产生或者可能产生的职业病危害因素、危害后果和应当采取的职业病防护措施。

④ 要求用人单位提供符合防治职业病要求的职业病防护设施和个人使用的职业病防护用品，改善工作条件。

⑤ 对违反职业病防治法律、法规以及危及生命健康的行为提出批评、检举和控告。

⑥ 拒绝违章指挥和强令进行没有职业病防护措施的作业。

⑦ 参与用人单位职业卫生工作的民主管理，对职业病防治工作提出意见和建议。

用人单位应当保障劳动者行使前款所列权利。因劳动者依法行使正当权利而降低其工资、福利等待遇或者解除、终止与其订立的劳动合同的，其行为无效。”

（五）《工伤保险条例》

1）第二条规定：“中华人民共和国境内的各类企业、有雇工的个体工商户（以下称用人单位）应当依照本条例规定参加工伤保险，为本单位全部职工或者雇工（以下称职工）缴纳工伤保险费。中华人民共和国境内的各类企业的职工和个体工商户的雇工均有依照本条例的规定享受工伤保险待遇的权利。”

2）第四条规定：“用人单位应当将参加工伤保险的有关情况在本单位内公示。职工发生工伤时，用人单位应当采取措施使工伤职工得到及时救治。”

（六）安全生产主要法律制度

1. 安全生产监督管理制度

安全生产的监督管理具体有以下几个方面：一是县级以上地方各级人民政府的监督管理；二是负有安全生产监督管理职责的部门的监督管理，包括严格依照法定条件和程序，对生产经营单位涉及安全生产的事项进行审查批准和验收，并及时进行监督检查等；三是监察机关的监督；四是对安全生产社会中介机构的监督。

2. 生产安全事故报告制度

《安全生产法》以及国务院《关于特大安全事故行政责任追究的规定》（302 号令）等法律法规都对生产安全事故的报告作了明确规定，从而构成我国安全生产法律的事故报告制度。

（1）事故隐患报告 《安全生产法》第六十四条明确规定：“任何单位或个人对事故隐患或者安全生产违法行为，均有权报告或者举报”。第六十六条特别规定：“国家对报告重大事故隐患或者举报安全生产违法人员的有功人员，给予奖励。”

（2）生产安全事故报告 《安全生产法》第七十条第一款规定：“生产经营单位发生生产安全事故后，事故现场有关人员应当立即报告本单位负责人。”

《安全生产法》第七十条第二款规定：“（生产经营）单位负责人接到事故报告后，……按照有关规定立即如实报告当地负有安全生产监督管理职责的部门，不得隐瞒不报、谎报或者拖延不报……”生产经营单位发生伤亡事故后，应当立即报告当地县（市、区、旗）人民政府安全生产综合监督管理部门和有关部门。

3. 事故应急救援与调查处理制度

一是生产安全事故应急救援预案的制定；二是在生产安全事故发生后，事故应急救援体系能保证事故应急救援组织及时出动，并有针对性地采取救援措施；三是建立专业化的应急救援组织。

4. 事故责任追究制度

《安全生产法》明确规定：“国家实行生产安全事故责任追究制度。以法律的形式宣布实行生产安全事故责任追究制度。任何生产安全事故的责任人都必须受到相应的责任追究。在实施责任追究制度时，必须贯彻‘责任面前人人平等’的精神，坚决克服因人施罚的思想。无论什么人，只要违反了安全生产管理制度，造成了生产安全事故，就必须坚决予以追究”。

生产安全事故责任人员，既包括生产经营单位中对造成事故负有直接责任的人员，也包括生产经营单位中对安全生产负有领导责任的单位负责人，还包括有关人民政府及其有关部门对生产安全事故的发生负有领导责任或者有失职、渎职情形的有关人员。

正确贯彻这一制度应当注意以下三个问题：

1）客观上必须有生产安全事故的发生。

2）承担责任的主体必须是事故责任人。

3）必须依法追究责任。

5. 特种作业人员持证上岗制度

针对特种作业的特殊性，安全生产法律法规对特种作业人员的上岗条件作了详细而明确的规定，特种作业人员必须持证上岗，如图 1-2 所示。

（1）基本条件　基本条件主要有三个：年龄满 18 周岁；身体健康，无妨碍本职工作的疾病和生理缺陷（如近视、色盲、听觉障碍、癫痫病、高血压、心脏病、眩晕症、精神病和突发性昏厥等）；初中以上文化程度。

图 1-2　持证上岗制度

（2）培训与考核　《特种设备安全监察条例》规定：“特种设备使用单位应当对特种设备作业人员进行特种设备安全教育和培训，保证特种设备作业人员具备必要的特种设备安全作业知识。”《特种设备作业人员监督管理办法》也规定：“用人单位应当加强作业人员的安全教育和培训，保证特种设备作业人员具备必要的特种设备安全作业知识、作业技能和及时进行知识更新。没有培训能力的，可以委托发证部门组织进行培训。”

特种作业人员必须积极主动参加培训与考核，这既是法律法规规定的，也是自身工作、生产及生命安全的需要。

三、任务实施

（一）学习安全生产法律法规常识

（二）遵守安全生产制度

课题二 气焊与气割安全

任务一 气焊与气割的安全

技能点

- 气焊与气割的正确操作

知识点

- 气焊与气割的火焰，符合气割的条件

安全要点

- 气焊与气割安全使用

一、任务分析

了解气焊与气割的应用、常用的气体及氧炔焰、气焊与气割的安全操作。

二、相关专业知识

（一）气焊

气焊是利用可燃气体与助燃气体混合点燃后产生的高温火焰（热源）来熔化工件的待焊部位（如坡口），并通过向熔池内添加填充材料（如焊丝），使被熔化的金属形成熔池，随着热源不断地向前移动，离开热源的部位开始冷却，熔池随之凝固，最后形成一条焊缝，如图 2-1 所示。

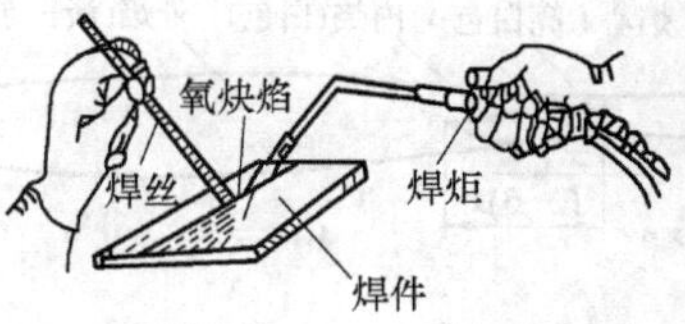

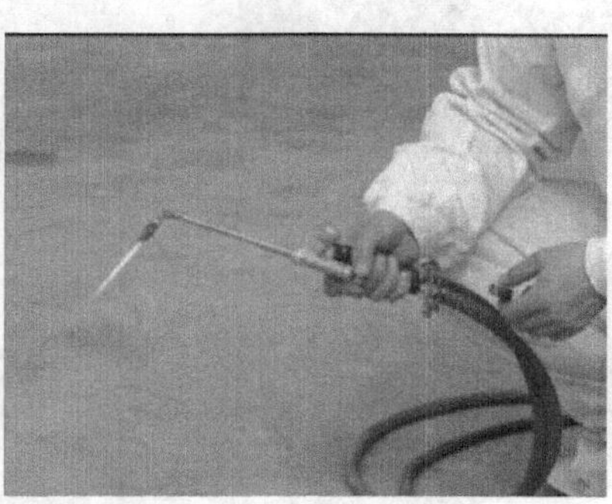

图 2-1 气焊的操作方法

1. 气焊使用的设备

1）气焊使用的设备有氧气瓶、乙炔气瓶、液化石油气瓶、减压器、回火防止器、氧气胶管和乙炔胶管等，如图 2-2 所示。

2）气焊使用的工具有焊炬、点火器和锤子等，如图 2-3 所示。

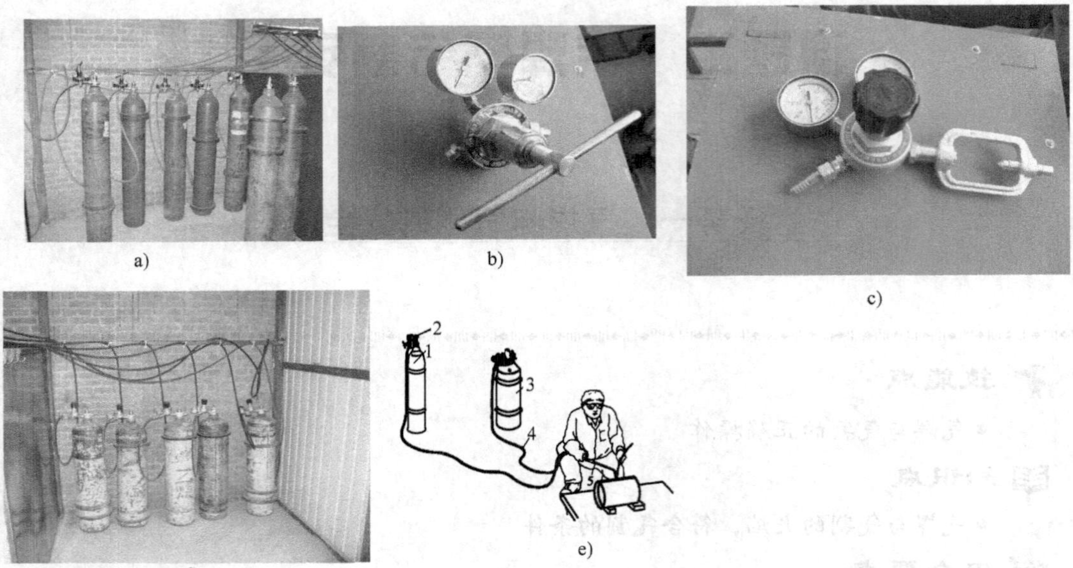

图 2-2　气焊设备

a）氧气瓶　b）氧气减压器　c）乙炔减压器　d）乙炔气瓶　e）气焊设备的使用

1—氧气瓶　2—减压器　3—乙炔气瓶　4—胶管　5—焊炬

2. 常用的气体及氧炔焰

气焊使用的气体包括助燃气体氧气，可燃气体乙炔、液化石油气。

乙炔与氧气混合燃烧的火焰叫做氧炔焰。按氧气与乙炔体积比值的不同，可将氧炔焰分为中性焰、碳化焰（也叫还原焰）和氧化焰三种，如图 2-4 和图 2-5 所示。

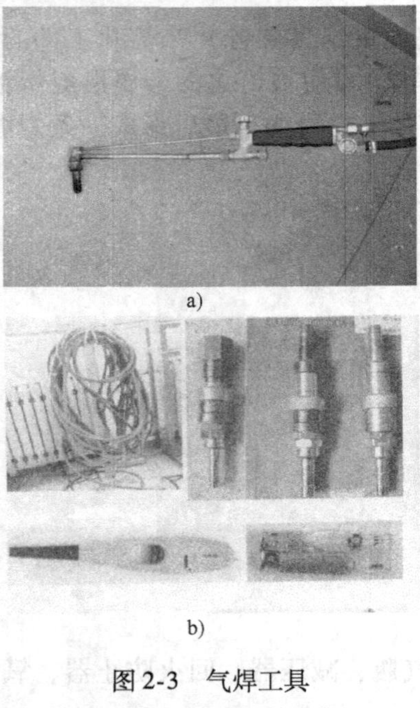

图 2-3　气焊工具

a）焊炬　b）回火防止器

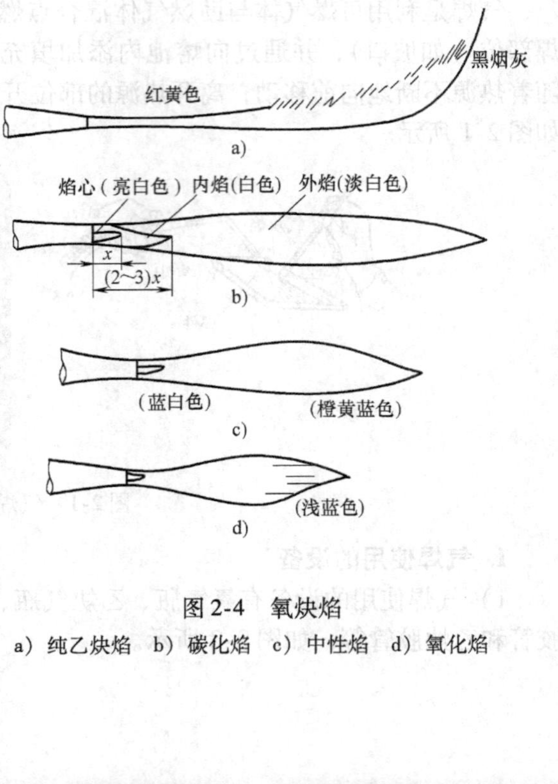

图 2-4　氧炔焰

a）纯乙炔焰　b）碳化焰　c）中性焰　d）氧化焰

（1）中性焰　氧气、乙炔的比值在1.1~1.2之间时产生的火焰为中性焰，中性焰燃烧后无过剩的氧气和乙炔。它由焰芯、内焰和外焰三部分组成。温度最高为3100~3200℃。内焰呈蓝白色，有深蓝色线条；外焰的颜色从里向外由淡紫色变为橙黄色。

（2）碳化焰　氧气、乙炔的比值小于1.1时产生的火焰为碳化焰，碳化焰燃烧后的最高温度为2700~3000℃。火焰明显，分为焰心、内焰和外焰三部分。

（3）氧化焰　氧气、乙炔的比值大于1.2时产生的火焰为氧化焰，它的最高温度可达3100~3300℃。氧化焰中有过量的氧气，氧化反应又非常剧烈，因此焰心、内焰和外焰都缩短，此外，气焊点火时应注意点火方法（见图2-6）。

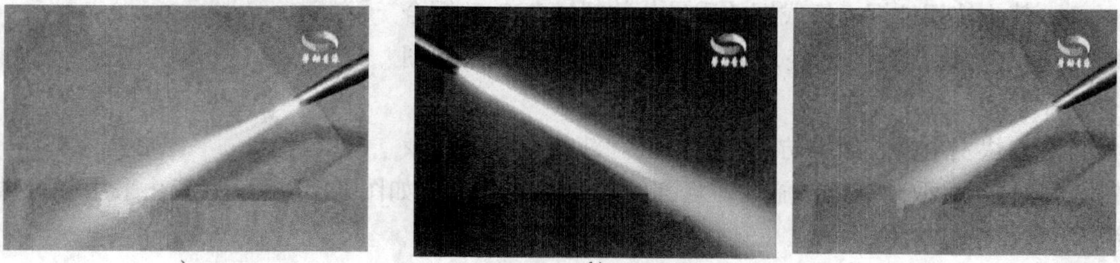

a)　b)　c)

图2-5　三种火焰

a）中性焰　b）碳化焰　c）氧化焰

3. 气焊丝

气焊用的焊丝起填充焊缝的作用，与熔化的母材一起组成焊缝金属。常用的气焊丝有碳素结构钢焊丝、合金结构钢焊丝、不锈钢焊丝、铜及铜合金焊丝、铝及铝合金焊丝和铸铁焊丝等。

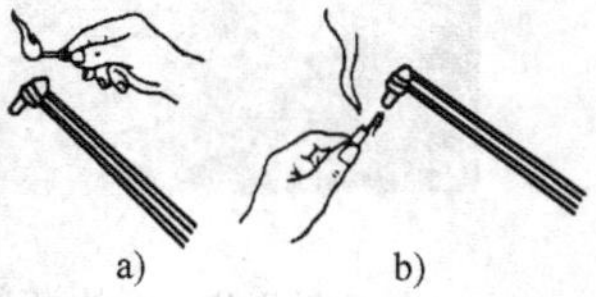

a)　b)

图2-6　气焊点火方法

a）正确　b）错误

4. 气焊熔剂（焊粉）

气焊熔剂是氧乙炔焊时的助熔剂。它的主要作用是消除坡口及焊丝表面的有害杂质，与金属中的氧、硫化合，使金属还原，补充合金元素，起到合金化的作用。

（二）气割

1. 气割的原理

气割是利用可燃气体与氧气混合燃烧的预热火焰，将金属加热到燃烧点，并在氧气射流中剧烈燃烧形成熔渣然后被吹除的加工方法。

2. 气割的条件

用氧炔焰气割的过程是：预热→燃烧→吹渣，如图2-7所示。

并不是所有金属都能被气割，只有符合下述条件的金属才能被气割：

1）金属能同氧气剧烈反应，并放出足够的热量。

2）金属导热性不应太高。

3）金属燃点要低于它的熔点。

a)　b)　c)

图2-7　气割过程示意图

a）预热　b）燃烧　c）吹渣

4）金属氧化物的熔点要低于金属本身的熔点。

5）生成的氧化物应该易于流动。

符合上述条件的金属有纯铁、低碳钢、中碳钢、低合金钢和钛等，其他常用的金属材料如铸铁、不锈钢及耐酸钢、铝和铜等则必须采用特殊的气割方法。

（三）气焊与气割的安全操作

1）乙炔的最高工作压力（表压）禁止超过 147kPa（1.5kgf/cm^2）乙炔减压器如图 2-8 所示。

图 2-8 乙炔减压器

2）禁止使用纯铜、银或铜的质量分数超过 70% 的铜合金来制造与乙炔接触的仪表、管子等零件，乙炔瓶阀如图 2-9 所示。

3）乙炔发生器、回火防止器、氧气和液化石油气瓶及减压器等均应采取防冻结措施，一旦冻结应用热水解冻，如图 2-10 所示，禁止采用明火烘烤或用棍棒敲打解冻。

图 2-9 乙炔瓶阀

图 2-10 乙炔气瓶解冻方法

4）气瓶、容器、管道、仪表等连接部位全应采用涂抹肥皂水方法检漏，严禁使用明火检漏，检漏方法如图 2-11 所示。

图 2-11 检漏方法

5）氧气瓶、溶解乙炔瓶等均应稳固竖立，或装在专用胶轮的车上使用。

6）禁止使用电磁吸、钢绳、链条等吊运各类焊接与切割用气瓶，如图 2-12 所示。

7）氧气瓶、溶解乙炔气瓶等气瓶，不应放空，气瓶内必须留有不小于 0.1MPa（表压见图 2-13）压力的余气。

8）气瓶漆色的标志应符合国家颁发的《气瓶安全监察规程》的规定，禁止改动，严禁充装与气瓶漆色标志不符的气体。

图 2-12　禁止吊运气瓶

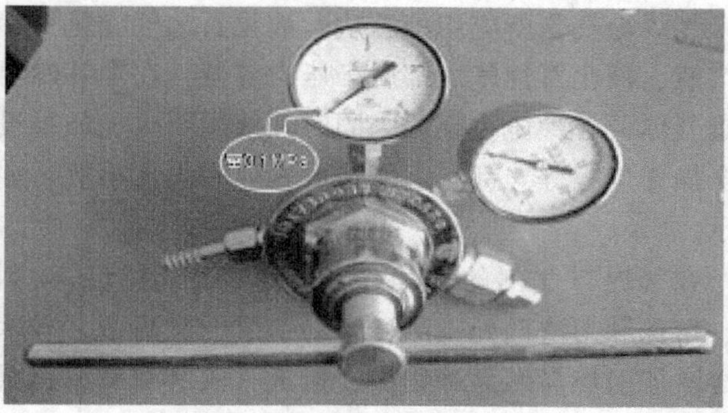

图 2-13　气瓶须留余气

9）气瓶应配置手轮或专用扳手启闭瓶阀，如图2-14所示。

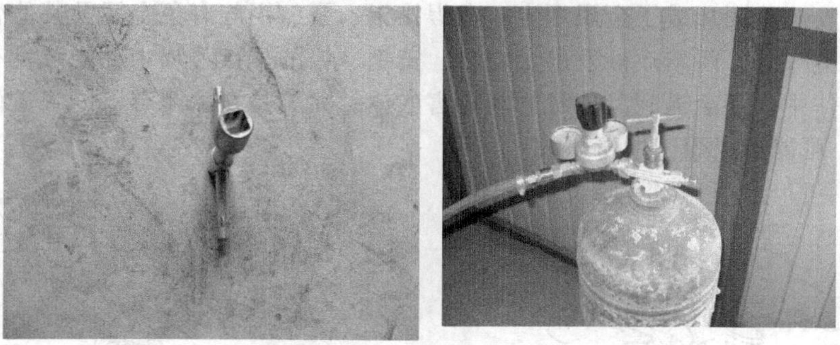

图 2-14　扳手启闭瓶阀

10）工作完毕、工作间隙、工作点转移之前都应关闭瓶阀，戴上瓶帽。

11）禁止使用气瓶作为登高支架和支承重物的衬垫，如图 2-15 所示。

12）留有余气需要重新灌装的气瓶，应关闭瓶阀，旋紧瓶帽，标明空瓶字样或记号，如图 2-16 所示。

图 2-15　气瓶禁止用作衬垫

图 2-16　空瓶记号

13）氧气、乙炔的管道，均应涂上相应气瓶漆色规定的颜色并标明名称，便于识别。

（四）气焊与气割的危险和危害因素

1. 火灾、爆炸和灼烫

气焊与气割所应用的乙炔、液化石油气、氢气和氧气等都是易燃易爆气体；氧气瓶、乙炔气瓶、液化石油气瓶都属于压力容器。在焊补燃料容器和管道时，还会遇到其他许多易燃易爆气体及各种压力容器，同时又使用明火，如果设备和安全装置有故障或者操作人员违反安全操作规程等，都有可能造成爆炸和火灾事故，如图 2-17 所示。

在气焊与气割的火焰作用下，氧气射流的喷射，使火星、熔珠和熔渣四处飞溅，容易造成灼烫事故。较大的熔珠和熔渣能引燃易燃易爆物品，造成火灾和爆炸。因此防火防爆是气焊、气割的主要任务。

图 2-17　爆炸和火灾

2. 金属烟尘和有毒气体（见图 2-18）

气焊与气割的火焰温度高达 3000℃ 以上，被焊金属在高温作用下蒸发、冷凝形成了金属烟尘。在焊接铝、镁、铜等有色金属及其他合金时，除了这些有毒金属蒸气外，焊粉还散发出燃烧物；黄铜、铅的焊接过程中都能散发有毒蒸气。

在补焊操作中，还会遇到其他毒物和有害气体，尤其是在密闭容器、管道内的气焊操作（见图 2-19），可能造成焊工中毒事故。

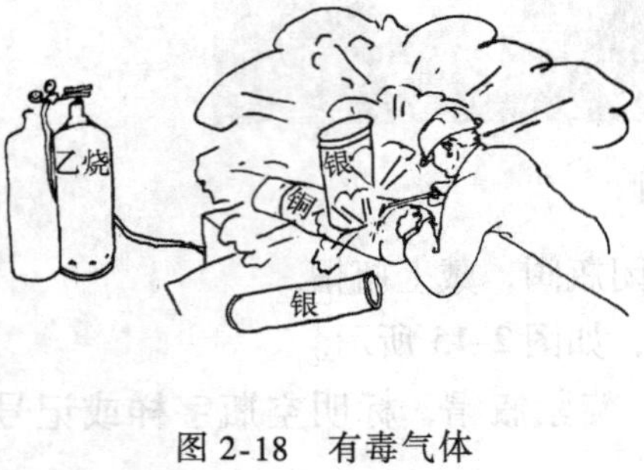

图 2-18　有毒气体

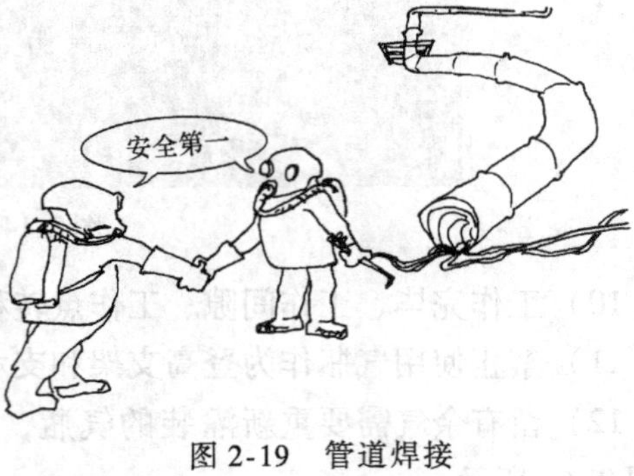

图 2-19　管道焊接

任务二　常用气体的燃爆特性和安全使用

技能点

- 能安全使用乙炔、氧气、液化石油气

知识点

- 乙炔、氧气、液化石油气的性质，乙炔的燃烧特性、液化石油气的燃烧特性

安全要点

乙炔的爆炸特性，压缩纯氧及其危险性

一、任务分析

应掌握常用气体的燃爆特性及气体的安全使用方法，特别是乙炔、氧气使用时的安全注意事项。

二、相关专业知识

气焊、气割常用的可燃气体有乙炔、氢气、液化石油气等。常用的助燃气体是氧气。

（一）乙炔

1. 乙炔的性质

乙炔（C_2H_2）属于碳氢化合物，又称电石气。它是一种无色而有特殊臭味的气体，故具有特殊的刺激性臭味和一定的毒性，比空气稍轻。乙炔储存用乙炔气瓶，如图2-20所示。乙炔的性质有以下几点：

1）乙炔既是可燃气体，又是易燃易爆气体。

2）乙炔与空气混合燃烧时所产生的火焰温度能达到2350℃，与氧气混合燃烧时所产生的火焰温度高达3100~3300℃，可适用于气焊、气割。

3）乙炔与铜或银等金属长期接触后生成乙炔铜（Cu_2C_2）或乙炔银（Ag_2C_2）等易爆物质，所以，供乙炔使用的器材都不能用银制造或铜的质量分数在70%以上的铜合金制造。

4）乙炔和氯、次氯酸盐等化合会发生燃烧和爆炸（见图2-21）。

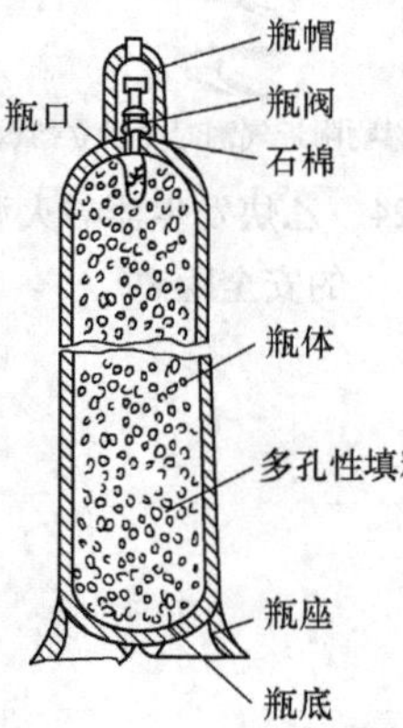

图2-20　乙炔气瓶

图2-21　乙炔瓶爆炸

2. 乙炔的安全使用

根据对乙炔危险性的分析，使用乙炔时必须满足下列安全要求：

1）不得超过安全规则规定的压力极限，一般使用乙炔减压器（见图2-22）来控制其压力极限，如中压乙炔发生器的工作压力不得超过0.147MPa。

2）不得超过安全规则规定的温度，如发生器发气室的乙炔温度不得超过90℃，水温不得超过60℃。

3）装盛乙炔的容器和管道需保持良好的冷却条件，例如在给发生器灌水时，必须达到规定的水位，以保证有足够的冷却用水；发生器不得在夏季烈日下曝晒等，如图2-23所示。

图 2-22　乙炔减压器

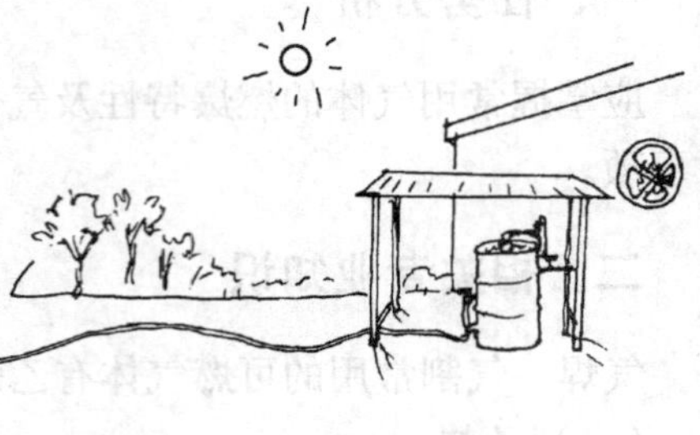

图 2-23　乙炔发生器禁止曝晒

4）在操作使用乙炔发生器或在乙炔存放的车间、库房等场所工作时，必须严格遵守有关规定，严禁烟火。

5）装盛乙炔的容器、易燃品或管道应远离火源，以防喷溅的火星点燃乙炔，造成事故。安全规则规定，乙炔发生器距离火源不得小于10m，如图 2-24 所示。

6）在气焊与气割操作中，一旦形成了乙炔与空气（或氧气）的爆炸性混合气，就必须采取安全措施，彻底排除后，才能给焊割炬点火或者进行补焊动火。

7）乙炔着火时，严禁使用四氯化碳灭火器扑救，如图 2-25 所示。否则除了有爆炸危险外，还会产生有毒气体。

8）乙炔发生器的零件，如管接头、阀门、衬垫及其他附件损坏时，不得用银和铜制造的零件替换。某些容易腐蚀生锈的管件需用铜制零件替换时，铜的质量分数应低于70%。

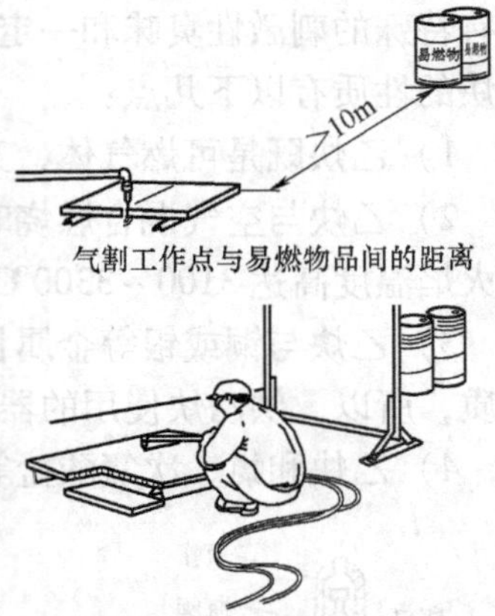

气割工作点与易燃物品间的距离

在易燃物附近气割时要设立挡板

图 2-24　乙炔发生器与火源的安全距离

图 2-25　乙炔火焰严禁使用四氯化碳灭火器扑灭

（二）氧气

1. 氧气的性质

在常温状态下，氧气（O_2）是一种无色、无味、无毒的气体，比空气略重，密度为 $1.43kg/m^3$。

氧气本身不能燃烧，但能助燃。氧气具有很强的化学活泼性，能同许多元素化合。增高氧气的压力和温度，能使化学反应速度显著加快，压缩的气态氧与矿物油、油脂或细微分散的可燃物质接触时能发生自燃，引起失火或爆炸。

2. 压缩纯氧及其危险性

当管道中残存有铁锈污垢，或氧气流中因某种原因混入固体颗粒而被高速流动的氧气流席卷流动时，尽管固体小颗粒经摩擦所携带的热量很小，但颗粒间被热导率很低的氧气流所包围，就存在发生火灾的可能性（见图2-26）。

又如，工业矿物油脂与氧气接触，会立即发生强烈的化学反应而自燃（见图2-27），并且这些可燃物一旦燃烧起来，燃烧速度比在空气中要快得多。

图2-26　固体颗粒引发危险

图2-27　氧气瓶禁止与油脂接触

3. 氧气安全使用注意事项

1）常压下空气中氧气的含量超过正常数值时，会急剧增加可燃物的燃烧速度。

2）常压下，空气中氧气的体积分数超过40%时，有可能发生氧中毒。

3）氧气充装、排放速度过快，容易产生静电火花，若瓶阀上有油脂，就会发生燃烧。

（三）液化石油气

1. 液化石油气的性质

液化石油气的主要成分是丙烷、丁烷、丙烯等碳氢化合物，在常压下以气态存在，在0.8～1.5MPa的压力下，就可变成液态，以便于装入瓶中存储和运输。

2. 液化石油气的安全性

液化石油气与乙炔一样，与空气或氧气形成的混合气体具有爆炸性，但比乙炔安全得多。

任务三　焊接常用气瓶的安全使用

技能点

- 能安全使用氧气瓶、乙炔气瓶、液化石油气瓶

知识点

- 气体充装量，气瓶结构及安全使用知识

安全要点

- 气体充装量、液化气体充装量、溶解乙炔气瓶的充装、气瓶的保管及安全使用

一、任务分析

掌握气瓶气体充装时、温度变化对瓶体压力的影响，了解气瓶的结构和气瓶的安全性能，熟悉气瓶的安全使用要求。

二、相关专业知识

气瓶是使用普遍、流动性大的压力容器，按它盛装气体的方法分有以下 3 种：

1）压缩气瓶，其盛装的为一般环境温度下是气态的气体，它们都以较高的压力充装，目的是为了增加气瓶的单位体积容量。

2）液化气体气瓶，其主要用于充装温度 $t_c \geq -10$℃的气体。

3）溶解气体气瓶，其主要用于充装易燃、易爆、化学性质不稳定的气体，乙炔就是这样的气体。

总结以往的经验教训，导致气瓶物理爆炸的主要原因是在过量充装、运输、使用和储存等环节。

（一）气瓶充装量

气瓶充装量应保证在使用过程中可能达到的最高压力不超过它的设计压力。

1）高压液化气体充装量与压缩气体一样，必须保证所装入的液化气体全部气化后在 60℃下的压力不超过气瓶设计压力。

2）低压液化气体充装量。气瓶内的低压液化气体在正常状态下是以气、液两态并存的。温度升高使瓶内气体的饱和蒸气压增大，此时如温度继续增加，则由于液体的膨胀就会使瓶内的压力急剧增高，甚至发生爆炸事故。

（二）气瓶的结构、涂色和标识

1. 气瓶结构

用于气焊与气割的氧气瓶属于压缩气瓶，乙炔气瓶属于溶解气瓶，液化石油气瓶属于液化气瓶。

（1）氧气瓶　氧气瓶是用来储存和运输氧气的高压容器。氧气瓶外表面漆成蓝色，并用黑漆写上明显的“氧气”字样。氧气瓶是用优质碳素钢或低合金钢制成的无缝圆柱形气瓶。常用氧气瓶的容积为 40L，在 15MPa 的压力下，可存储 6000L 的氧气。

氧气瓶的结构如图 2-28 所示，瓶体 1 的上部瓶口内壁攻有螺纹，用以旋上瓶阀 4，瓶口外部还套有瓶箍 3，用以旋装瓶帽 5，以保护瓶阀不受意外的碰撞而损坏。防振圈 2（橡胶制品）用来减轻振动冲击，瓶体的底部呈凹面形状或套有方形支底座，使气瓶直立时保持平稳，瓶壁厚度为 5～8mm。

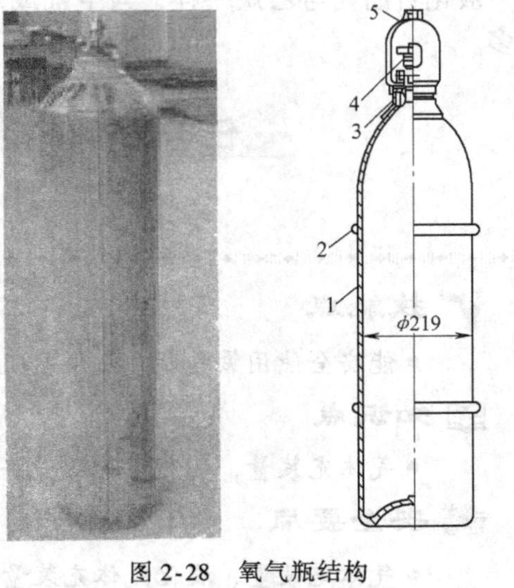

图 2-28　氧气瓶结构

1—瓶体　2—防振圈　3—瓶箍　4—瓶阀　5—瓶帽

氧气瓶阀（见图 2-29）是用来控制氧气瓶

内氧气进出的阀门，按瓶阀的构造不同可分为活瓣式和隔膜式两种，目前主要采用活瓣式氧气瓶阀。氧气瓶阀是与氧气减压器连接的，如图 2-30 所示。

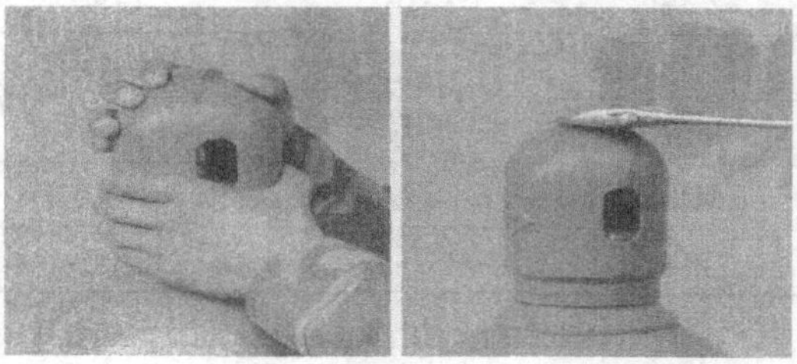

图 2-29 氧气瓶阀

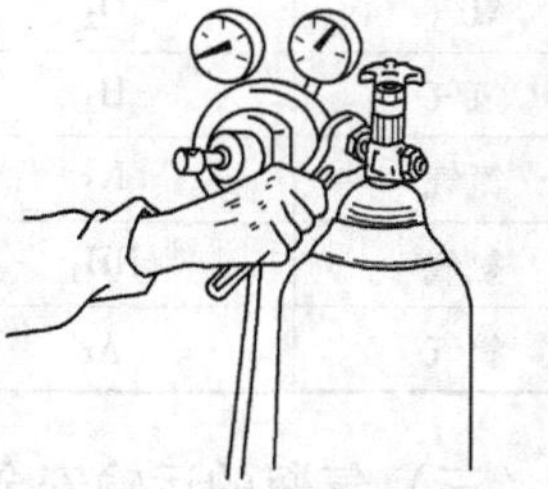

图 2-30 安装氧气减压器的方法

(2) 乙炔气瓶

1) 溶解乙炔。气焊和气割用乙炔除了各厂矿自己用乙炔发生器制取外，现在已经逐渐被专业工厂制造的瓶装溶解乙炔来代替。由于乙炔能很好地溶解于许多液体，工业上常常应用丙酮来溶解乙炔，溶解于丙酮内的乙炔比气态乙炔的爆炸危险性要小得多。

2) 乙炔气瓶的结构。乙炔气瓶是一种储存和运输乙炔的压力容器，在 15℃时的充装压力为 1.5MPa，水压试验压力为 60MPa。瓶体表面漆白色，并标注红色的“乙炔”和“不可近火”字样（见图2-31）。

乙炔气瓶的构造如图 2-32 所示，瓶体 5 内装着浸满丙酮的多孔性填料 6，使乙炔稳定而又安全地储存在乙炔瓶内。使用时打开瓶阀 3，溶解于丙酮内的乙炔就分解出来，通过瓶阀流出乙炔气体。瓶口中心的长孔内放置过滤用的不锈钢丝网和石棉 4（或毛毡）。瓶里的填料可以采用多孔而轻质的活性炭、硅藻土、浮石、硅酸钙、石棉纤维等。

图 2-31 乙炔气瓶

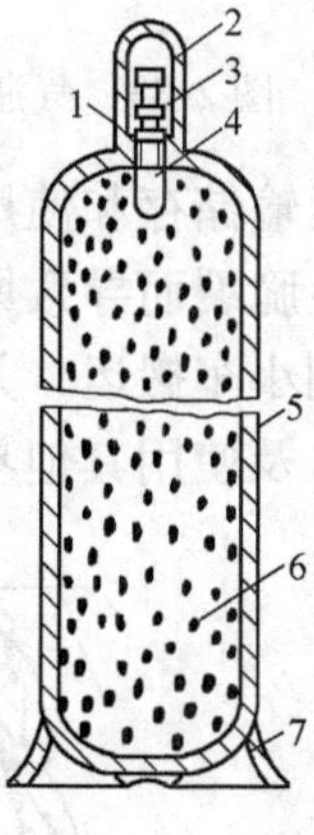

图 2-32 乙炔气瓶的构造

1—瓶口 2—瓶帽 3—瓶阀 4—石棉 5—瓶体 6—多孔性填料 7—瓶座

2. 气瓶的涂色

各种气瓶有规定的颜色和标志，以便识别，具体见表 2-1。

3. 气瓶的标识

打在气瓶局部的符号和数据的钢印称为气瓶标志，其中由气瓶制造厂打的钢印称为原始标志，由气瓶检验单位历次定期检验时打的钢印称为检验标志。

表 2-1 气瓶颜色

气体名称	分子式	气瓶外表面颜色	气体名称	分子式	气瓶外表面颜色
氧气	O_2	淡蓝色	乙炔	C_2H_2	白色
氢气	H_2	淡绿色	液化石油气		银灰色
氮气	N_2	黑色	甲烷	CH_4	褐色
氨气	NH_3	淡黄色	二氧化碳	CO_2	铝白色
氩气	Ar	灰色	空气		黑色

（三）气瓶的运输安全（见图 2-33）

气瓶在运输过程中，特别是装卸时常常发生着火爆炸，尤其是容易受到振动、冲击、碰撞或受热、火烤。为此，除按《气瓶安全监察规程》有关安全规定执行外，应采取以下措施：

（1）防止气瓶受到剧烈振动或碰撞冲击　除集装运输外，气瓶均应戴好瓶帽和配置符合要求的防振圈。装卸气瓶时，必须轻装轻卸，避免气瓶相互碰撞及与其他坚硬物体碰撞，严禁抛、滑和撞击，如图 2-34 所示。

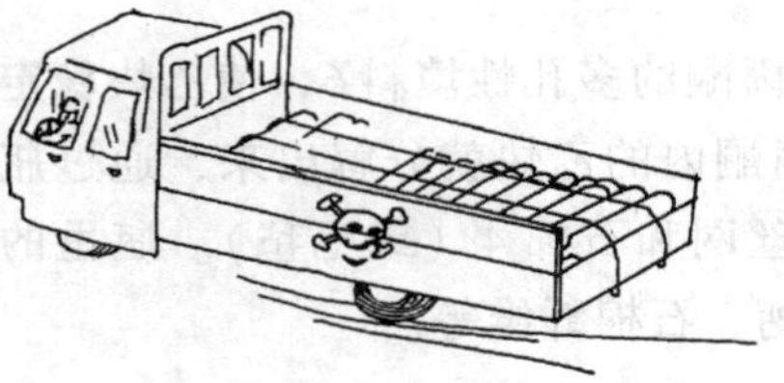

图 2-33　气瓶运输

图 2-34　气瓶运输过程中避免撞击

在运输储存和使用过程中应避免气瓶受剧烈振动和碰撞冲击。尤其是冬天，瓶体金属更容易发生脆裂而导致爆炸。气瓶应戴有安全帽，防止摔断瓶阀，造成事故。搬运气瓶时，应使用特制小车搬运，并用铁链等妥善固定。禁止肩扛，拖拉和手、脚并用同时直立滚动两只气瓶，以及使用其他易造成气瓶跌倒、碰撞的办法搬运气瓶，如图 2-35 所示。

图 2-35　气瓶的搬运方法

（2）防止气瓶受热或着火　气瓶运输时不能长时间在烈日下曝晒，夏季白天运输的气瓶要有遮阳设施。车上禁止烟火。运输可燃、有毒气体气瓶时，车上应备有与气瓶内气体相适应的灭火器材和防毒面具。不准使用被油脂污染的车辆运输氧气和强氧化剂气瓶。可燃物、易燃品、油脂和带有油污的物品，不得与氧气瓶或强氧化剂气瓶同车运输。

（3）气瓶安全运输的其他措施　运输可燃、易燃和有毒气体气瓶的车辆，应挂有“危险品”标志，不得在人口稠密地区、繁华市区或具有危险性的场所停留。

（四）气瓶的使用安全

由于使用单位对气瓶存装的介质了解不够，管理制度不严，使用不当，维护不周，操作疏忽等都可能造成气瓶爆炸、着火燃烧、中毒等伤亡事故。

1. 氧气瓶的使用安全

1）为了保证安全，氧气瓶在出厂前必须按照《气瓶安全监察规程》的规定，严格进行技术检验，并经有关部门进行监检工作。检验合格后，应在气瓶的球面部位做明显的标志，标明瓶号、工作压力和试验压力，下次试压日期，瓶的容量、质量（重量）、制造工厂和制造年月等，如图 2-36 所示。

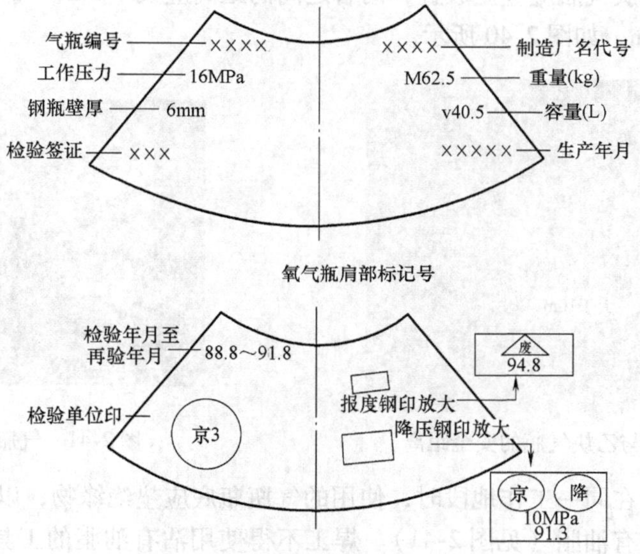

图 2-36　氧气瓶标记

2）充灌氧气瓶时必须首先进行外部检查，使用时还要化验鉴别瓶内的气体，不得随意充灌。气瓶充灌时，气体流速不能过快，否则会产生气瓶过热，压力剧增而造成危险。

3）使用过程中要防止氧气瓶直接受热，尤其是夏季在室外使用时要有遮阳设施，如图 2-37 所示。

4）气瓶库房和气瓶使用时，都要远离高温、明火、熔融金属飞溅物和易燃易爆物质等，一般规定相距 10m 以上，如图 2-38 所示。

5）氧气瓶使用时，首先要作外部检查，检查的重点是瓶阀接管螺纹和减压器等是否有缺陷。若发现有漏气、滑扣、表针动作不灵或爬高等，应及时报请维修。禁止带压拧紧瓶阀的阀杆、调整垫圈等。检查是否漏气时应用肥皂水，不得使用明火，如图 2-39

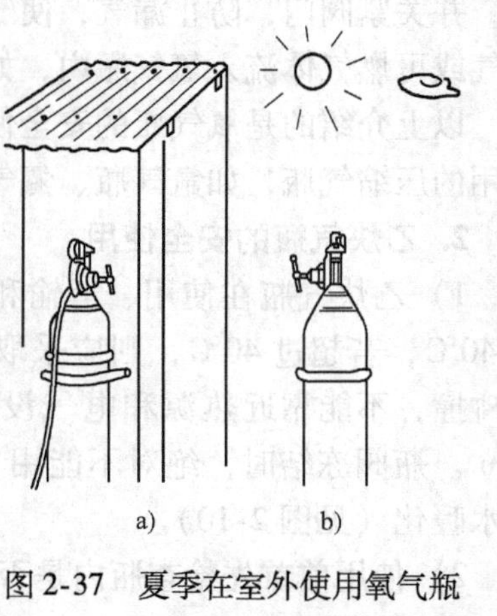

图 2-37　夏季在室外使用氧气瓶

a）正确　b）错误

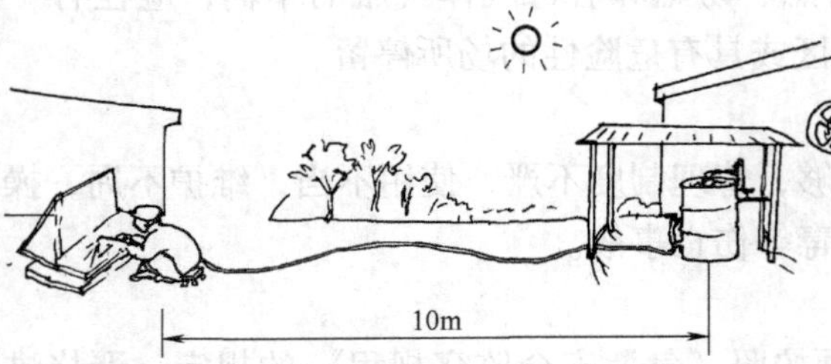

图 2-38　氧气瓶与易燃物的距离

图 2-39　检查氧气瓶口的泄露

所示。

6）氧气瓶和乙炔气瓶应竖立放置，两者之间的距离应大于5m，气焊、气割操作的位置距离气瓶应大于10m，如图2-40所示。

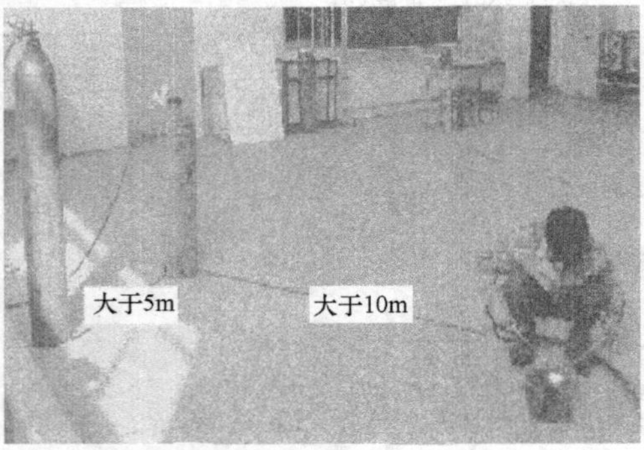

图 2-40　氧气瓶与乙炔气瓶的安全距离

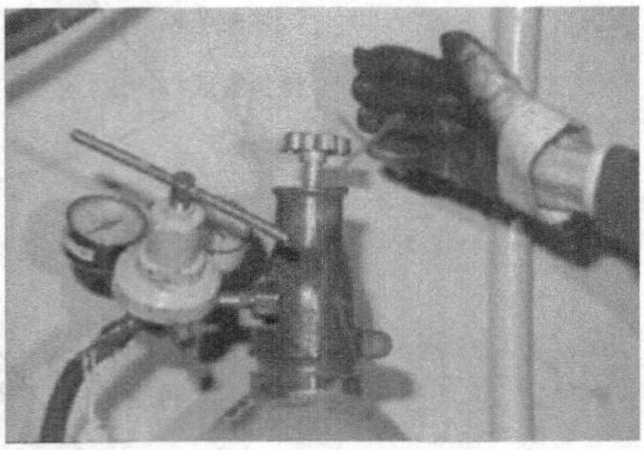
图 2-41　气瓶严禁接触油脂

7）与焊接作业在同一工作地段时，使用的气瓶瓶底应垫绝缘物，以防气瓶带电。

8）气瓶不得沾有油脂（见图2-41）。焊工不得使用沾有油脂的工具、手套或油漆工作服去接触氧气瓶阀、减压器等。

9）气瓶内气体不得全部用尽，至少保留 0.1～0.3MPa 的压力，并关紧阀门，防止漏气，使气瓶保持正压，以便充气时防止空气或可燃气体流入氧气瓶内，如图2-42所示。

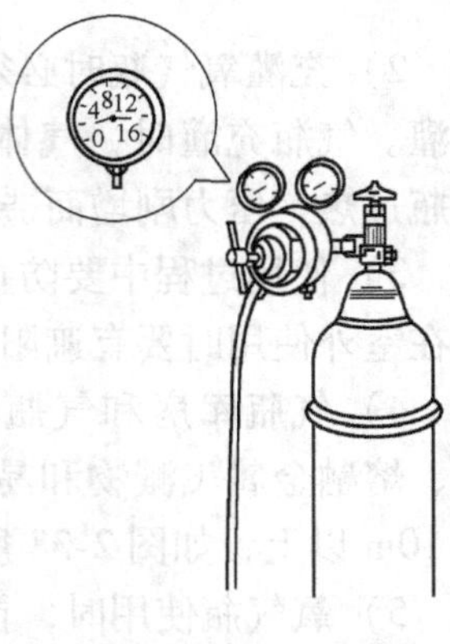
图 2-42　氧气瓶留有余氧

以上介绍的是氧气瓶的安全使用，对氩弧焊和等离子弧焊等使用的压缩气瓶，如氩气瓶、氮气瓶、CO_2气瓶等基本上适用。

2. 乙炔气瓶的安全使用

1）乙炔气瓶在使用、运输和储存时，环境温度一般不得超过40℃，若超过40℃，则应采取降温措施。乙炔气瓶严禁敲击或碰撞，不能靠近热源和电气设备，与明火的距离一般不小于10m 。瓶阀冻结时，绝对不能用火烘烤，必要时用40℃以下的温水暖化（见图2-10）。

2）使用前首先检查瓶内是否是乙炔，确认后稍微打开主阀，以冲击充装口的杂物，如图2-43所示。

3）选择安全的场所设置乙炔气瓶。要有防止滚落、翻倒的措施；要稳妥和竖直地摆放，防止丙酮泄出，如图 2-44 所示。

图 2-43　瓶阀检查

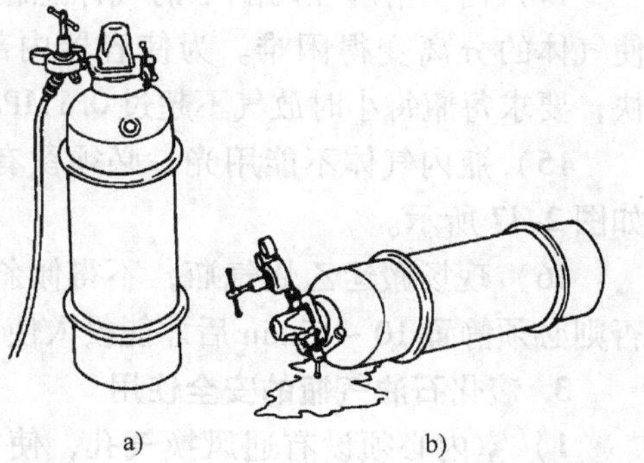

图 2-44　气瓶禁止放倒

a）正确　b）错误

4）铜是乙炔的禁物，不准用铜的质量分数高于 70% 的材料作使用器具的连接接头；不准银和汞与乙炔接触。

5）乙炔胶管要专用，不准与氧气管混用。

6）使用前必须安装减压器，并检查安装口及软管接头是否泄漏，检查是否漏气时应使用肥皂水，不得使用明火，如图 2-45 所示。

图 2-45　软管接头检漏

7）阀门上要安装容器的开、闭手柄，保证偶然发生事故时能关闭阀门，避免事故扩大。

8）在使用过程中，火焰发黄或者有效火焰缩短，说明瓶内压力过低，或已没有气体，应立即停止使用。

9）停止作业取下减压器时，必须关闭气瓶主阀（见图 2-46），在确认无泄漏时，方可离开工作地点。

10）在室内或密闭的环境下使用乙炔时要杜绝泄漏，加强通风，避免发生燃爆事故。

11）发现安全阀或主阀上部有泄漏时，应立即停止使用，并搬至室外的安全场所，贴上封条，标明原因及时送回充装单位处理。

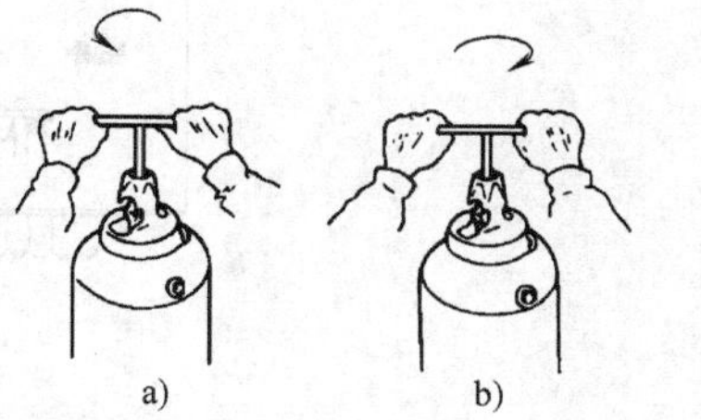

图 2-46　气瓶阀门的放气与关闭

a）放气　b）关闭

12）操作时，主阀一定要全开，以免产生乙炔从主阀上部泄漏。

13）因休息而中止作业时或暂时停用时，必须关闭主阀，以防泄漏。

14）由于溶解在丙酮中的气体急剧地从容器里放出，容器内温度下降，压力降低，而使气体的分离变得困难。为使容器内部压力不致降得太快，要求每瓶每小时放气不超过0.1MPa 。

15）瓶内气体不能用光，必须留有一定的剩余压力，如图2-47所示。

16）现场搬运乙炔气瓶，不得倾斜搬运和水平滚动，否则必须静置10～15min后才能投入使用。

图2-47　气瓶留有余压

3. 液化石油气瓶的安全使用

1）室内必须设有通风换气孔，使室内下部不滞留液化石油气。

2）室内地面要平整，不应同外界地沟（坑）或地漏孔连通。

3）室内照明必须采用防爆型灯具和开关，严禁明火采暖。

4）石油气对普通橡胶制的导管和衬垫有腐蚀作用，必须采用耐油性强的橡胶。并且不得随意更换衬垫和胶管，以防止腐蚀漏气。

5）气瓶投入使用后，不得对气瓶进行挖补，焊接修理。

6）液化石油气瓶将要用完时，瓶内应留余气，便于充装前检查气样和防止其他气体进入瓶内。

7）在室外用液化石油气瓶气割、焊接或加热时，气瓶应平稳放置在空气流通的地面上，同明火（火星飞溅、火花）和热源的距离必须在5m以上。

8）液化石油气瓶应加装减压器，禁止用胶管同液化石油气瓶阀直接连接。

9）石油气瓶点火时，应先点燃引火物，后打开瓶阀，不要颠倒次序。

10）使用液化石油气瓶时，不得将气瓶内的液化石油气向其他气瓶倒装，不得自行处理气瓶内的残液。

4. 气瓶的定期检验（见图2-48）

气瓶在使用过程中必须根据国家《气瓶安全监察规程》和《溶解乙炔瓶安全监察规程》的要求，进行定期技术检验。充装无腐蚀性气体的气瓶，每三年检验一次；充装有腐蚀性气体的气瓶，每两年检验一次。气瓶在使用过程中如发现有严重腐蚀损伤或有怀疑时，可提前进行检验。

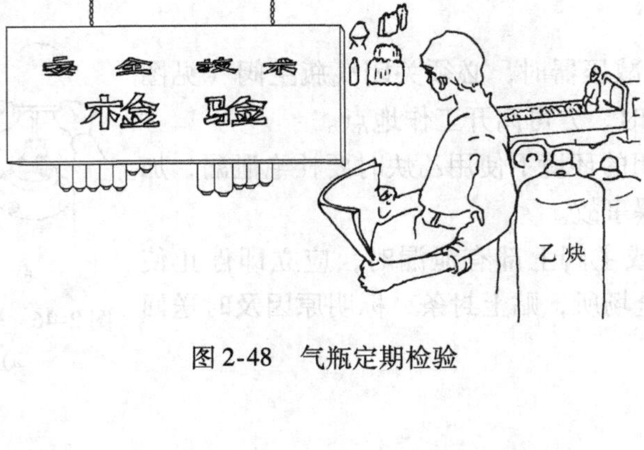

图2-48　气瓶定期检验

（五）减压器的安全使用

1. 减压器的作用及其分类

减压器的作用有以下2点（见图2-49）

1）降压：把储存在气瓶内的较高压力的气体，减压到所需要的工作压力。

2）稳压：当气瓶压力或耗气量变化时，保持工作压力的稳定（见图2-50）。

2. 减压器的安全使用

1）在装减压器前应首先检查连接螺钉规格是否相符合，螺纹是否损坏。安装时要牢靠，但不要用力过大（见图2-51）。

2）严禁氧气减压器与油脂接触，以免发生火灾事故（见图2-52）。

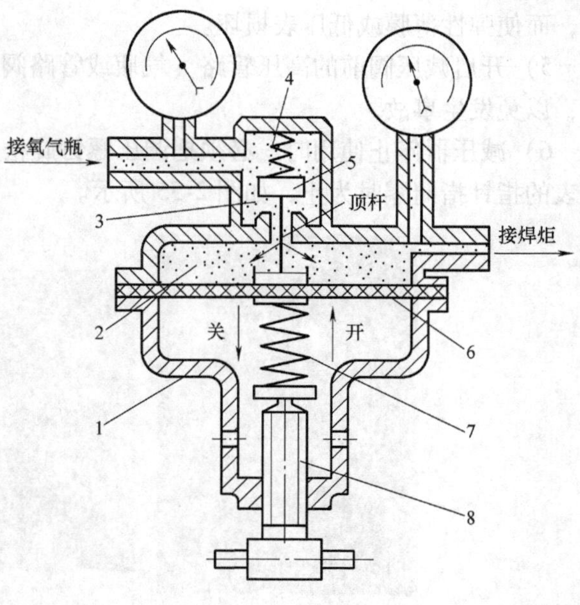

图2-49 减压器

1—壳体 2—低压室 3—高压室 4—小弹簧 5—活门 6—橡皮薄膜 7—调压弹簧 8—调压螺钉

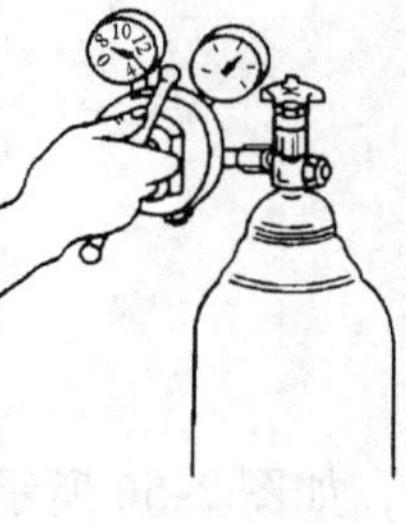

图2-50 调整工作压力

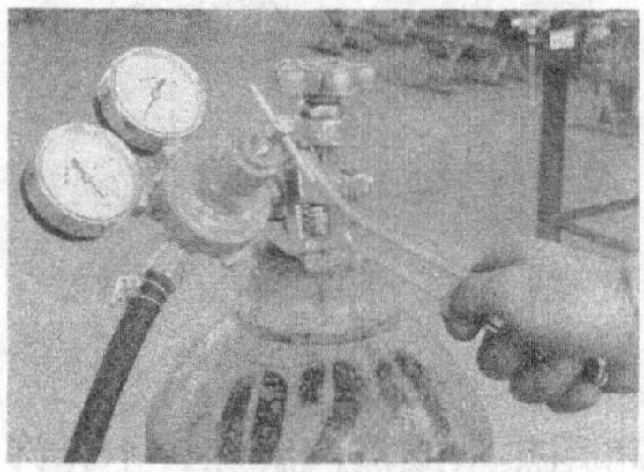

图2-51 螺钉连接检查

油脂污氧气瓶的危险做法

图2-52 氧气瓶不安全操作

3）安装减压器前应先将气瓶阀连接处的灰尘脏物吹除，然后才能装上减压器。在开启气瓶阀时，操作者不应站在减压器的正面或气瓶阀出口的前面，如图2-53所示。

4）开启减压器时，应缓慢旋转调压螺钉（见图2-54）以防止高压气体突然冲到低压气

图2-53 操作者应将灰尘吹除

图2-54 调压螺钉

室，而使弹性薄膜或低压表损坏。

5）开启减压阀前的高压管路（气瓶或管路阀）时，应缓慢地旋开，在通气后再逐渐扩大，以免发生事故。

6）减压器停止使用时，必须把调压螺钉旋松，并把减压器内的气体全部放掉，直到低压表的指针指向零时为止，如图 2-55 所示。

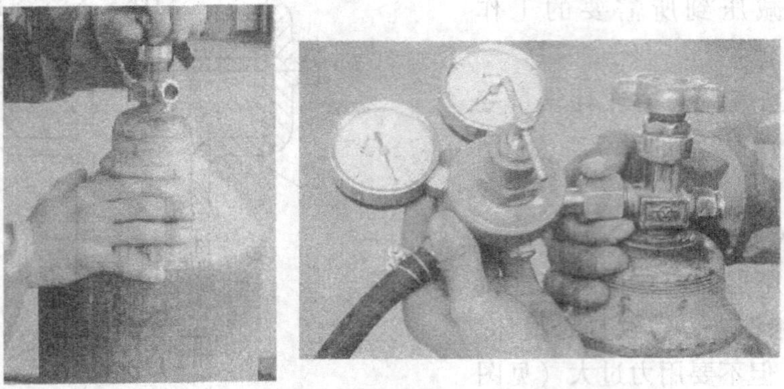

图 2-55　减压器内停止使用时旋松调压螺钉

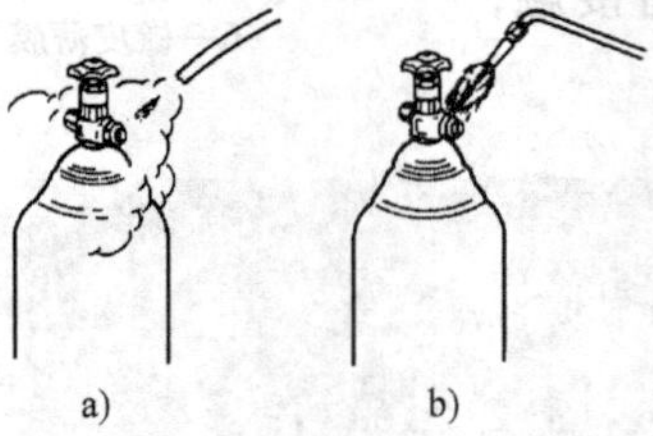

图 2-56　瓶阀冻结的处理

a）正确　b）错误

7）瓶阀、减压器冻结时，可用热水或蒸汽解冻，不允许用火烤，如图 2-56 所示。

8）减压器必须妥善保存，避免撞击和振动，且不要存放在有腐蚀性介质的场合。

9）氧气减压器和乙炔减压器不得相互换用。

3. 减压器常见故障及防止措施（见表 2-2）。

表 2-2　减压器常见故障及防止措施

常见故障	故障原因及部位	防止措施及修理
减压器漏气	减压器连接部分漏气，螺纹配合松动或垫圈损坏	1. 拧紧螺钉 2. 更换新的垫圈及加石棉绳
	安全阀漏气活门填料损坏或弹簧变形	1. 调整弹簧 2. 更换活门填料（青钢纸和石棉绳）
	减压器上盖薄膜损坏或未拧紧，造成漏气	1. 更换橡皮薄膜 2. 拧紧螺母
减压器表针爬高（自流）	调节螺杆松开后，气体继续流出，低压表表针继续上升。原因如下： 1）活门或门座上有污物 2）活门密封垫或活门座不平（有裂纹） 3）副弹簧损坏，压紧力不够	将活门螺钉松开，取出活门进行检查，按损坏情况处理： 1）将活门污物去净 2）将活门不平处用细砂布磨平，如果有裂纹要换新的 3）调整弹簧长度或更换副弹簧

（续）

常见故障	故障原因及部位	防止措施及修理
打开氧气瓶时高压表表针已表示有氧，但低压表不动作或动作不灵敏	调节螺杆已拧到底，但工作压力不升或升得少，原因是调压弹簧损坏或传动杆弯曲	拆开减压器盖，更换调压弹簧的传动杆
	工作时氧气压力下降，或表针剧烈地跳动，说明减压器内部冻结	用热水加热解冻后，把水分吹干
	低压表已升到工作压力，但使用时突然下降，说明氧气阀门没全打开	继续打开氧气阀门

任务四　焊割炬、胶管、管道使用的安全措施

技能点

- 焊割炬常见故障的排除

知识点

- 焊割炬的结构及工作原理、胶管的正确使用及使用安全事项、管道安全防护

安全要点

- 焊割炬的使用安全、引起回火的主要原因，胶管的使用安全、管道安全措施

一、任务分析

了解焊割炬的结构及工作原理，掌握焊割炬的正确使用，能够对焊割的常见故障进行原因分析及故障排除。

二、相关专业知识

（一）焊割炬的结构及工作原理

1．焊炬

焊炬的功用是使可燃气体与氧气按需要的比例在焊炬中混合均匀，并由一定孔径的焊嘴喷出，进行燃烧以形成一定能率和性质的稳定的焊接火焰。焊炬又称焊枪，如图 2-57 所示，它在构造上应安全可靠，尺寸小，质量小，调节方便。

按可燃气体进入混合室的方式不同焊炬，可分为射吸式焊炬和等压式焊炬两种。最常用的为射吸式焊炬，氧乙炔射吸式焊炬的规格和技术性能，见表 2-3。国产常用的射吸式焊炬 H01 型为一般的射吸式焊炬。

射吸式焊炬的优点是：由于乙炔是靠氧气的射吸作用进入焊炬的，所以，不论使用低压乙炔还是中压乙炔均可正常工作。缺点是：在焊接过程中焊炬温度升高，因而这种焊炬工作一段时间后，需要重新调节火焰，或是将焊嘴和混合管浸入水中，使其冷却才行如图 2-58 所示。

表 2-3　氧乙炔射吸式焊炬的规格和技术性能

焊炬型号	H01-6					H01-12					H01-20					H02-1		
可调焊嘴个数	5					5					5					3		
焊嘴号码	1	2	3	4	5	1	2	3	4	5	1	2	3	4	5	1	2	3
焊嘴孔径/mm	0.9	1.0	1.1	1.2	1.3	1.4	1.6	1.8	2.0	2.2	2.4	2.6	2.8	3.0	3.2	0.5	0.7	0.9
适用工件厚度/mm	1~2	2~3	3~4	4~5	5~6	6~7	7~8	8~9	9~10	10~12	10~12	12~14	14~16	16~18	18~20	0.2~0.4	0.4~0.7	0.7~1.0
乙炔压力/kPa	1~98					1~98					1~98					1~98		
乙炔消耗量/(m^3/h)	0.17	0.24	0.28	0.33	0.43	0.43	0.58	0.78	1.05	1.22	1.50	1.70	2.00	2.30	2.60	0.02~0.022	0.055~0.065	0.11~0.13
氧气压力/kPa	196	245	294	343	392	392	441	490	588	686	588	637	686	735	784	98	147	196
氧气消耗量/(m^3/h)	0.15	0.20	0.24	0.28	0.37	0.37	0.49	0.65	0.86	1.11	1.25	1.45	1.65	1.92	2.25	0.016~0.018	0.045~0.050	0.10~0.12

注：氧气消耗量和乙炔消耗量均为参考数据。

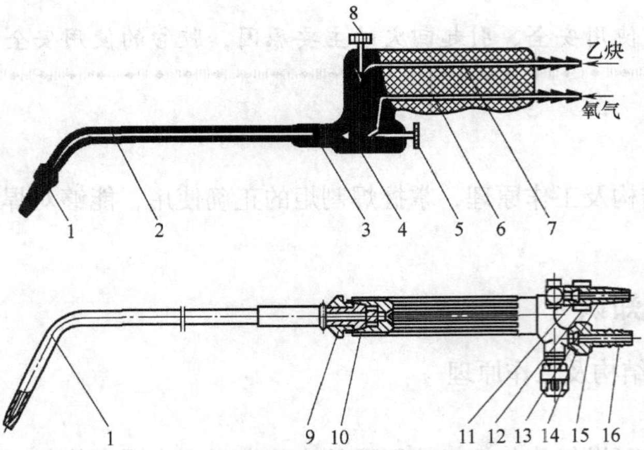

图 2-57　焊炬结构示意图

1—焊嘴　2—混合气管　3—射吸管　4—喷嘴　5—氧气调节阀　6—氧气导管　7—乙炔导管　8—乙炔调节阀　9—混合管螺母　10—混合管接头　11—氧气接头螺纹　12—氧气螺母　13—氧气胶管接头　14—乙炔接头螺纹　15—乙炔管接头螺母　16—乙炔胶管接头

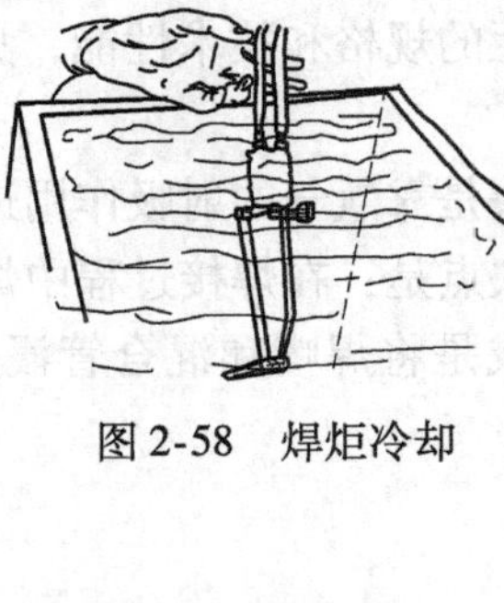

图 2-58　焊炬冷却

2. 割炬

氧气切割可分为手工气割和机械气割，其割炬的结构示意图如图2-59所示。

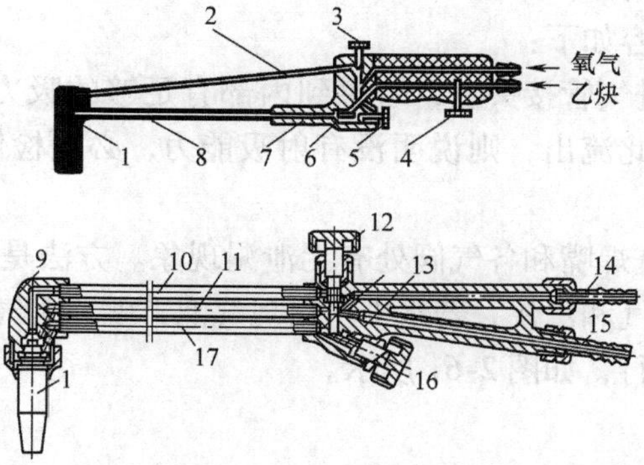

图2-59　割炬结构示意图

1—割嘴　2—切割氧气管　3—切割氧调节阀　4—乙炔调节阀　5—预热氧调节阀　6—喷嘴　7—射吸管　8—混合气管　9—割嘴接头　10—切割氧气管　11—乙炔气管　12—切割氧调节阀　13—主体　14—氧气管接头　15—乙炔管接头　16—预热氧调节阀　17—预热氧气管

气割割炬又称割枪、割把，是气割的主要工具。它的作用是使可燃气体与氧气混合，点燃后形成有一定热能和形状的预热火焰，并能在预热火焰中心喷射切割氧气流，以便进行气割。

氧乙炔切割割炬形成预热火焰所用的可燃气体是乙炔。和焊炬一样，按形成预热的工作原理，割炬可分为射吸式和等压式两种。常用的为射吸式割炬，其规格和技术性能见表2-4。

表2-4　射吸式割炬规格和技术性能

型号	配用割嘴	割嘴形式	切割氧孔径/mm	切割厚度范围/mm	氧气压力/kPa	气体消耗量/(L/h)	
						氧气	乙炔
G01-30	1	环形	0.7	3～10	196～294	800～2200	210
	2		0.9	10～20			240
	3		1.0	20～30			310
G01-100	1	梅花形	1.0	16～25	294～490	2200～7300	350～400
	2		1.3	25～50			400～500
	3		1.6	50～100			500～600
G01-300	1	梅花形	1.8	100～150	490～637	9000～14000	680～780
	2		2.2	150～200			800～1100
	3	环形	2.6	200～250	784～900	14500～26000	1150～1200
	4		3.0	250～300			1250～1600

（二）焊割炬的使用安全

使用前对射吸式焊炬应先检查射吸性能。方法是：先接上氧气管，通入1～4个表压的氧气，不接乙炔管，打开氧气阀和乙炔阀，用手指按在乙炔进气管接头上，若感到内部有足够的吸力，则表明射吸能力正常；若没有吸力，甚至氧气从此流出，则说明没有射吸能力，必须检修后才能使用。

1．焊炬的使用安全

焊炬应符合《射吸式焊炬》（JB/T 6969—1993）的要求。目前，国内广泛应用射吸式焊炬，其使用安全主要内容如下：

1）用手指按在乙炔进气管接头上，若感到内部有足够的吸力，则表明射吸能力正常；若没有吸力，甚至氧气从此流出，则说明没有射吸能力，必须检修后才能使用，如图 2-60 所示。

2）在使用前还应检查焊嘴和各气阀处有无泄漏现象。方法是：关紧各气阀，将焊炬插入水中，然后分别通入氧气和乙炔，若水中不出现气泡，就证明气密性良好。以上两种检查在使用过程中也应经常进行，如图 2-61 所示。

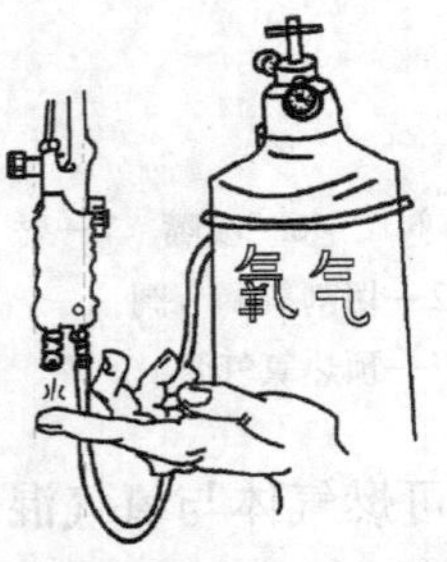

图 2-60　检查焊炬射吸能力

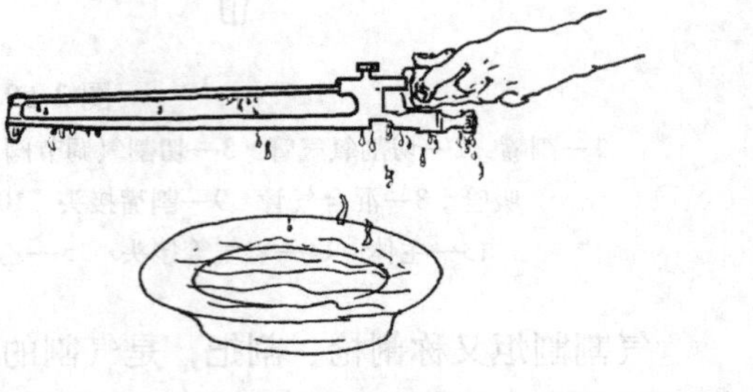

图 2-61　检查焊炬密封性

3）焊炬的各气体通道都不得沾染油脂，以防止氧气遇油脂燃烧和爆炸（见图 2-62）。同时焊嘴的配合面不得碰伤，防止漏气而影响使用。

4）经检查合格后，才能点火。点火时先开乙炔手轮，点燃乙炔后立即开启氧气调节阀手轮调节火焰，如图 2-63 所示。

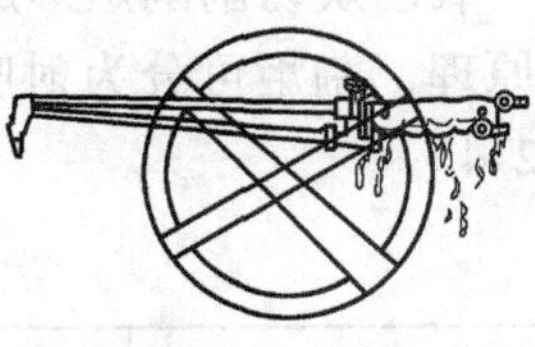

图 2-62　禁止沾染油脂

这种点火方法和先开氧气后开乙炔的方法比较起来具有下列优点：可避免点火时的鸣爆现象，易发现焊炬是否堵塞等，火焰由弱逐渐变强，火焰燃烧较平稳等。但也有缺点，其缺点是：刚点火时冒黑烟影响环境卫生（见图 2-64）。可以在点火时先把氧气调节手轮稍微开启，再开启乙炔调节手轮并立即点火。此方法可消除冒黑烟的缺点。

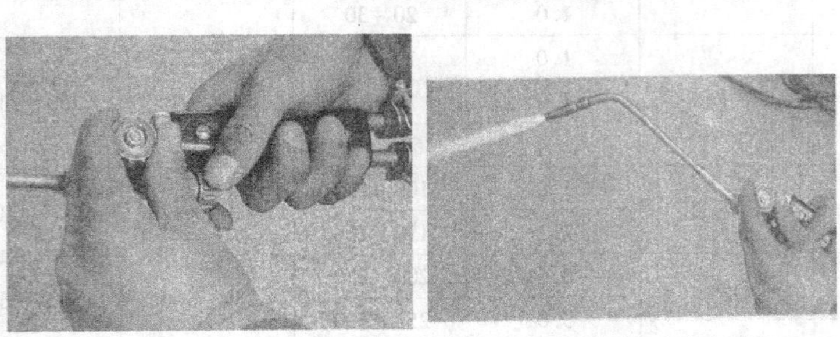

图 2-63　气焊点火过程

如图 2-65 所示，焊炬一旦有堵塞时氧气有可能进入乙炔通道形成回火条件，从安全操作要求，建议采用前面一种点火方法。当作业空间狭小，通风不良而且几把焊炬同时施焊时，为了改善环境卫生条件，可以采用后一种点火方法。

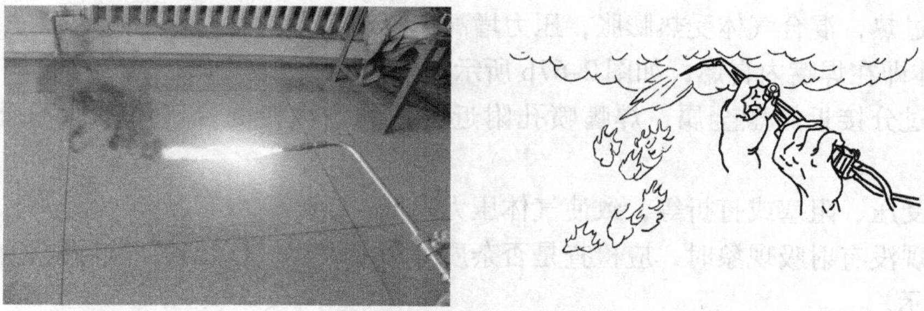

图 2-64　纯乙炔火焰的黑烟

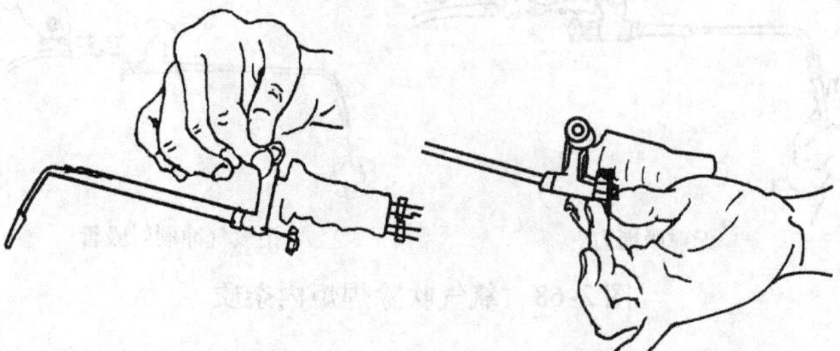

图 2-65　气焊点火方式（先开乙炔，再开氧气）

5）停止使用时，先关乙炔手轮，后关氧气手轮，以防止火焰回烧和产生黑烟。焊工在操作中若发现乙炔和氧气压力或流量发生变化，而不能满足工作要求需作调整时，必须停焊，熄灭火焰，待处理后重新点火。禁止带火焰进行调整处理，防止因发生器压力和流量的波动引起回火。

6）停止使用后，焊炬应挂在适当的地方，或拆下胶管并将焊炬存放在工具箱内（见图 2-66），禁止为了工作方便而不卸下胶管，将焊炬、胶管和气源作永久性连接。

7）回火是焊接火焰自焊炬向乙炔导管及乙炔气瓶、发生器等回窜的现象。其特征有两个：一是火焰突然熄灭；二是焊炬内发出急速的“嘶嘶”声。

使用焊炬时应当注意尽可能防止产生回火。引起回火的主要原因如下：

① 由于熔融金属的飞溅物，碳质微粒及乙炔的杂质等堵塞焊嘴或气体通道，如图 2-67a 所示。

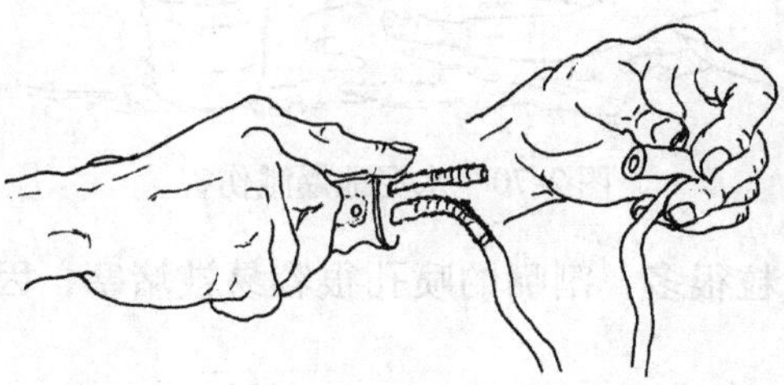

图 2-66　拆卸胶管

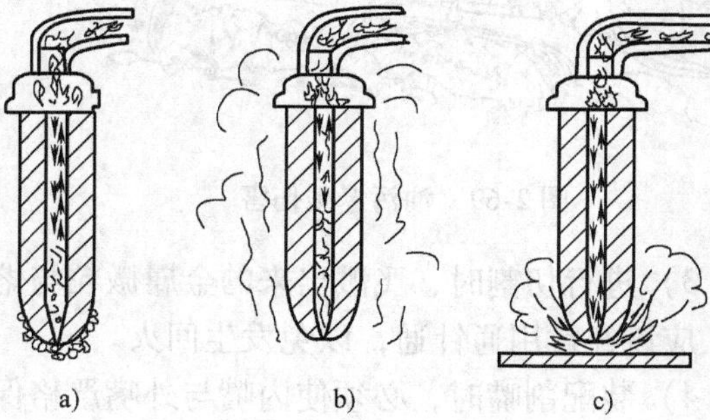

图 2-67　焊嘴

a）颗粒阻塞焊嘴　b）焊嘴过热

c）焊嘴过分接近熔融金属

② 焊嘴过热，混合气体受热膨胀，压力增高，流动阻力增大；焊嘴温度超过400℃ 时，部分混合气体即在焊嘴内自燃，如图 2-67b 所示。

③ 焊嘴过分接近熔融金属，焊嘴喷孔附近的压力增大，混合气体流动不通畅，如图 2-67c所示。

④ 胶管受压、阻塞或打折等，致使气体压力降低。

⑤ 当出现没有射吸现象时，应检查是否杂质等堵塞焊嘴，打开氧气吹除焊炬内的杂质，如图 2-68 所示。

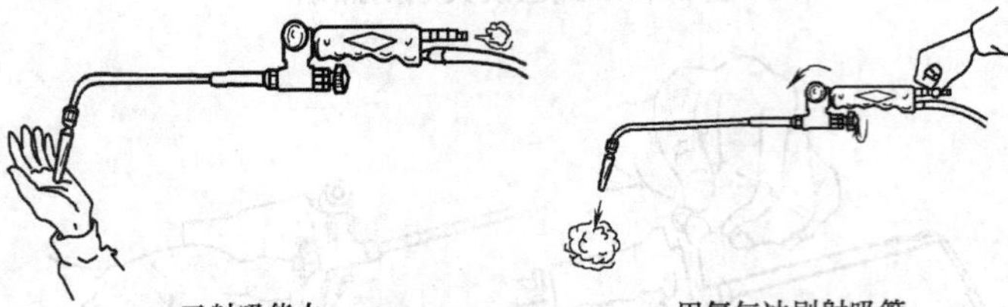

图 2-68　氧气吹除焊炬内杂质

上述 5 种原因造成混合气体的流动速度低于燃烧速度而发生回火。如果操作中发生回火，应急速关闭氧气调节手轮，再关闭乙炔调节手轮。待回火熄灭后，将焊嘴放入水中冷却，然后打开氧气吹除焊炬内的烟灰，再重新点火。

此外，在紧急情况下可将焊炬上的乙炔胶管拔下来。所以，一般要求氧气胶管必须与焊炬连接牢固，而乙炔胶管与焊炬接头连接以不漏气并容易接上或拔下为准。

2. 割炬的使用安全

1）在切割前要注意将工件表面上的漆皮、铁锈和油水污物等加以清理，以防油漆燃着、锈片爆溅伤人，如图 2-69 所示。

2）在水泥地面切割时，应垫高工件，防止水泥地面受热爆溅伤人，如图 2-70 所示。

图 2-69　油污爆溅伤害

图 2-70　水泥地爆溅伤害

3）进行切割时，飞溅出来的金属微粒与熔渣微粒很多，割嘴的喷孔很容易被堵塞，因此，应该经常用通针通，以免发生回火。

4）装配割嘴时，必须使内嘴与外嘴严格保持同心，这样才能保证切割用的氧气射流位于环形预热火焰的中心。

5）内嘴必须与高压氧气通道紧密连接，以免高压氧漏入环形通道而把预热火焰吹灭。

6）在正常工作停止时，应先关闭切割氧调节阀，再关闭乙炔和预热氧调节阀，一旦发生回火时，应快速地按以上顺序关闭各个调节阀。

（三）焊割炬的安全要求

1）气体流量的调节应方便、可靠、安全，尤其是在发生回火时，应能快速切断气源，并制止火焰的蔓延。

2）乙炔和氧气应能按比例均匀混合，在焊接过程中要保持混合比不变。

3）结构简单、操作灵便、轻巧。

4）焊割炬的材料应具有良好的导热性、耐磨性、耐高温性和耐蚀性，铜的质量分数不大于70%。

5）应保证焊割炬各部位的连接和调节阀门严密不漏气。

6）混合气体喷出的流动速度应与燃烧速度一致。

（四）气焊割的辅助工具

图2-71　护目镜

1. 护目镜（见图2-71）

护目镜主要是保护焊工的眼睛不受火焰亮光的刺激，以便在焊接过程中能仔细地观察熔池金属，并防止飞溅金属微粒溅入眼睛内。

2. 点火枪

点火时使用手枪式点火枪最为安全方便，如图2-72所示。

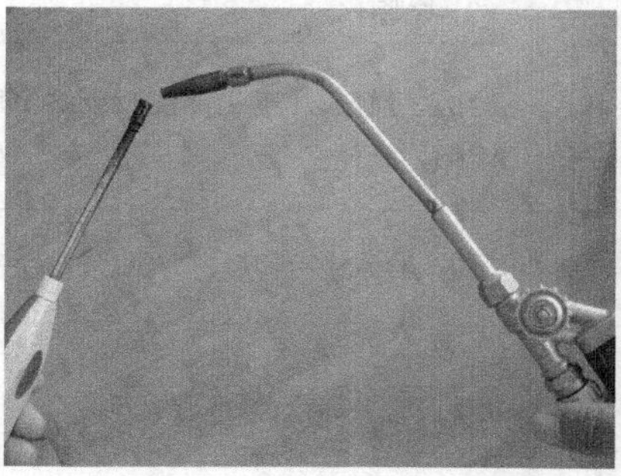

a）

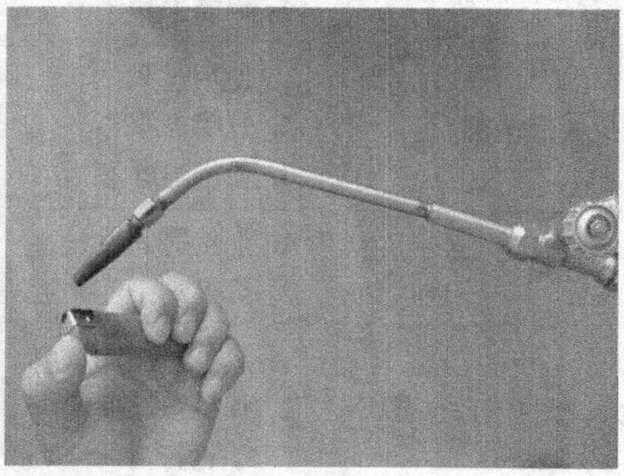

b）

图2-72　点火方式

a）安全点火　b）不安全点火

3. 其他工具（见图2-73）

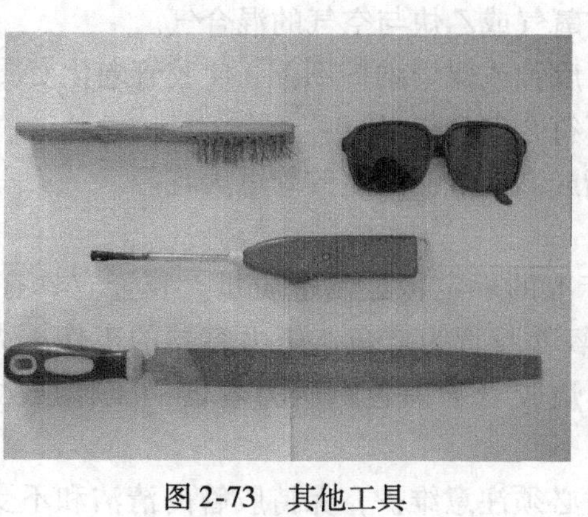

图2-73　其他工具

1）清理焊缝的工具，如钢丝刷、手锤、锉刀。

2）连接和启动气体通道的工具，如钢丝钳、铁丝、扳手等。

3）清理焊嘴和割嘴用的通针。每个气割工都应备有粗细不等的三棱式钢质通针一盒（见图2-74）。

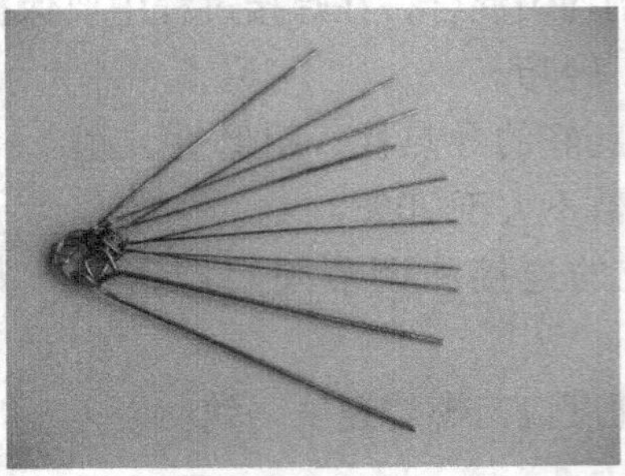

图2-74　通针

（五）焊割炬常见故障的原因及其排除方法（见表2-5）

表2-5　焊割炬常见故障的原因及其排除方法

故障现象	故障原因	排除方法
开关处漏气或焊嘴漏气	1. 压紧螺帽松动或垫圈坏 2. 焊嘴未拧紧	1. 更换 2. 拧紧
焊嘴孔径扩大成椭圆形	1. 使用过久 2. 焊嘴磨损 3. 使用通针不当	用手锤轻敲焊嘴尖部使孔径缩小后，再用相应钻头钻孔
焊枪发热	1. 焊接时间过长 2. 焊嘴离工作太近	浸入冷水中冷却后，打开氧气吹净积物
火焰调节不大，乙炔压力过低	1. 胶管被压和堵塞 2. 焊枪被堵塞 3. 手轮打滑	吹洗胶管及焊枪，修理乙炔开关

（六）氧气与乙炔胶管及管道安全

1. 胶管爆炸着火事故的原因

1）由于回火而引起着火爆炸。

2）胶管里形成乙炔与氧气或乙炔与空气的混合气。

3）由于磨损、挤压、腐蚀或保管维护不善，使胶管老化变质、强度降低或漏气。

4）胶管的制造质量不符合安全要求。

5）氧气胶管上有油脂或高速气流产生的静电火花等。

2. 胶管的使用安全

1）应分别按照国家标准的规定保证制造质量。胶管应具有足够的抗压强度和阻燃特性。根据国家标准规定，氧气胶管为蓝色，压力容器的工作压力为1.5MPa，胶管内径为8mm，外径为18mm；乙炔胶管为黑色，压力容器的工作压力为0.3MPa，胶管内径为8mm，外径为16mm。

2）保存和使用胶管时必须注意维护，保持胶管的清洁和不受损坏。例如，避免阳光照射，雨雪浸淋，防止与酸、碱、油类及其他有机溶剂等能使胶管损坏的物质接触。存放温度为15～40℃，距离热源应不少于1m。

3）新胶管在使用时，必须先把胶管内壁的滑石粉吹除干净，防止焊割炬的通道被堵塞。在使用中应避免受外界挤压和机械损伤，不得将管身折叠。

4）氧气与乙炔胶管不得相互混用和代用，不得用氧气和胶管吹除乙炔胶管的堵塞物。同时应随时检查和消除焊割炬的漏气、堵塞等缺陷，防止在胶管内形成氧气与乙炔混合气。

国际标准（ISO）的规定氧气胶管为黑色，乙炔胶管为红色。我国国家标准规定的胶管颜色（原部颁标准HG4—605—66）氧气胶管为红色，乙炔胶管为绿色。

5）如果发生回火倒燃进入氧气胶管时，则该胶管不可继续使用，必须换新胶管。

3. 管道发生燃烧爆炸的原因

1）气体在管内流动时，发生与管道的摩擦，超过一定的流速就会产生静电积聚而放电。当静电电压在300V时，由于静电放电，足以引起汽油、煤油以及煤气、乙炔等可燃气与空气的混合气发生燃烧或爆炸。雷击产生巨大的电磁热和静电作用也常使管道发生火灾爆炸事故。

2）外部明火导入管道内部。如管道附近明火的导入以及与管线相连的焊接工具因回火导入管内。

3）由于漏气，在管道外围形成爆炸性气体停滞的空间，遇明火而发生燃烧爆炸。

4）氧气管道阀门在有油脂存在的条件下，极易引起燃烧和爆炸。乙炔及其他可燃气体与管道内部或外部的油脂混合后，会增加燃烧爆炸的危险性。

5）管道过分靠近热源，使管内气体过热而引起燃烧爆炸。

6）管道内的铁锈等金属微粒随气体高速流动时的摩擦热和碰撞热（尤其在管道拐弯处），也会引起管道燃烧爆炸。

课题三 常用焊接方法及安全

任务一 焊条电弧焊的操作及安全

技能点

● 能安全使用焊机

知识点

● 焊机的常见故障及排除方法、焊条电弧焊的基本原理、焊条电弧焊的适用范围

安全要点

● 焊条电弧焊和电弧切割的安全操作

一、任务分析

掌握焊条电弧焊的基本原理，了解焊条电弧焊的情况、电弧切割的危害因素，能够对焊机的常见故障进行维修。

二、相关专业知识

（一）焊条电弧焊与电弧切割的基本原理及危害因素

1. 基本原理

（1）焊条电弧焊的基本原理　焊条电弧焊是利用电弧放电（俗称电弧燃烧）所产生的热量，将焊条与焊件熔化，冷凝后形成焊缝从而获得固态接头的工艺。开始焊接时，将焊条与焊件接触短路，然后立即提起焊条，引燃电弧。电弧的高温将焊条与焊件局部熔化，熔化了的焊芯以熔滴的形式过渡到局部熔化的焊件表面，融合一起形成熔池。焊条药皮在熔化过程中产生一定量的气体和液态熔渣，产生的气体充满在电弧和熔池的周围，起隔绝大气、保护液体金属的作用。液态熔渣密度小，在熔池中不断上浮，覆盖在金属液体表面，也起着保护液体金属的作用。同时，药皮熔化产生的气体、熔渣与熔化的焊芯、焊件发生一系列冶金反应，保证了所形成焊缝的性能。随着电弧沿焊接方向的不断移动，熔池液态金属逐步冷却结晶，形成焊缝。其过程示意图如图 3-1 所示。

焊条电弧焊的引弧过程如图 3-2 所示。

（2）电弧切割的基本原理　电弧切割主要有碳弧气刨、碳弧刨割条和等离子弧切割 3 种加工方法。碳弧气刨是利用碳极电弧的高温，把金属的局部加热到熔化状态，同时用压缩空气的气流把熔化金属吹掉，从而达到对金属进行切割的一种方法，如图 3-3 所示。

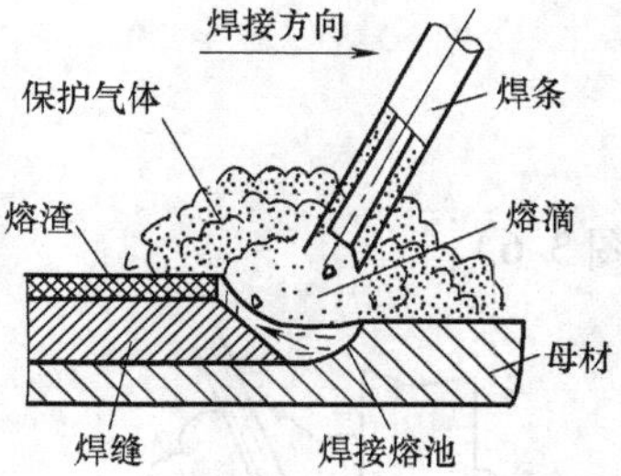

图 3-1　电弧焊过程示意图

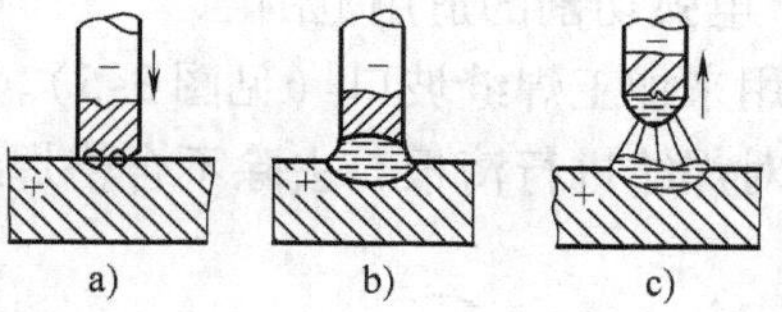

图 3-2　电弧的引燃过程

a）焊条与焊件接触短路　b）接触处受电阻热作用而熔化　c）电弧产生

电弧切割的危害因素：电弧切割时，除应知道焊条电弧焊的预防措施外，还应注意以下几点：

1）烫伤和火灾。电弧切割时，被压缩空气吹散的熔渣易烧坏工作服、烫伤皮肤以及引着易燃物品而造成火灾，应注意顺风方向操作。

2）烟尘。在窄小的容器和舱室内操作时，必须采取防尘措施。

3）防止焊机过载。

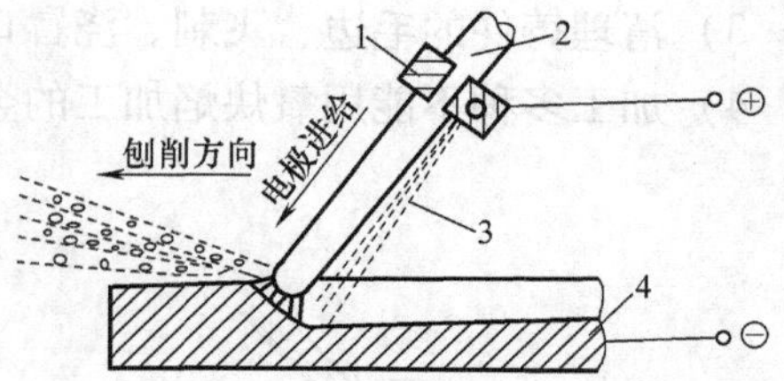

图 3-3　碳弧气割示意图

1—刨钳　2—电极　3—压缩空气　4—工件

2. 适用范围

（1）焊条电弧焊的适用范围　焊条电弧焊可以进行平焊、立焊、横焊和仰焊等多种位置焊接（见图 3-4），且还适用于不同厚度、结构和金属材料的焊接。由于设备轻便、搬运灵活的特点，

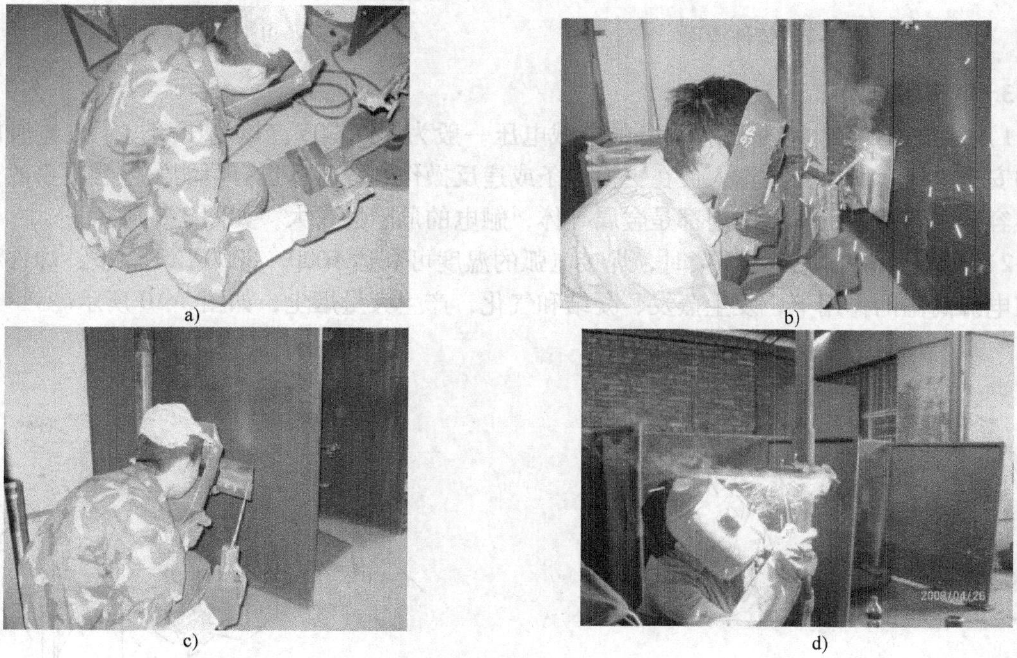

图 3-4　焊接位置

a）平焊　b）立焊　c）横焊　d）仰焊

在有电源的任何地方都能进行焊接作业。

（2）电弧切割的适用范围

1）用来加工焊缝坡口（见图3-5）。

2）对焊缝进行清根，去除不合格焊缝中的缺陷（见图3-6）。

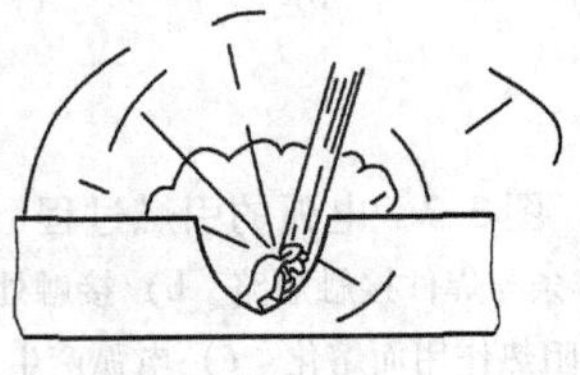

图3-5　加工焊缝坡口

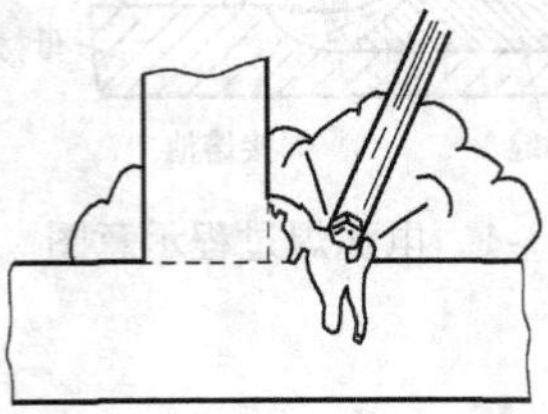

图3-6　焊缝清根

3）清理铸件的毛边、飞刺、浇冒口以及铸件中的缺陷（见图3-7）。

4）加工多种不能用氧炔焰加工的金属，如铸铁、不锈钢、铜和铝等（见图3-8）。

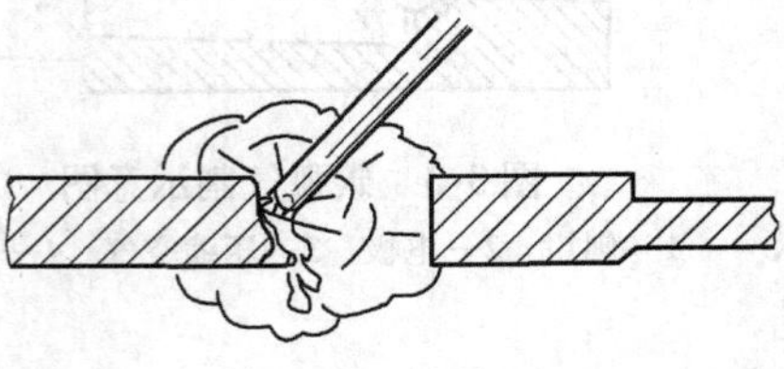

图3-7　铸件清理

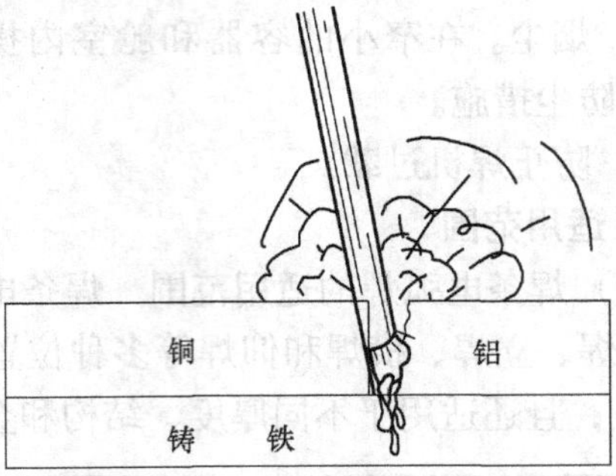

图3-8　可加工金属种类

3. 危害因素

1）触电。焊条电弧焊焊接设备的空载电压一般为50~90V。该电压超过了人体所能承受的安全电压，所以当操作人员在更换焊条或违反操作规程时，也有可能发生触电事故，尤其在容器和管道内操作，四周都是金属导体，触电的危险性更大，如图3-9所示。

2）烟尘。焊条电弧焊焊接时，焊接电弧的温度可高达5000~8000℃。焊条、焊件和药皮在电弧高温的作用下，发生蒸发、凝结和气化，产生大量烟尘，如图3-10所示。

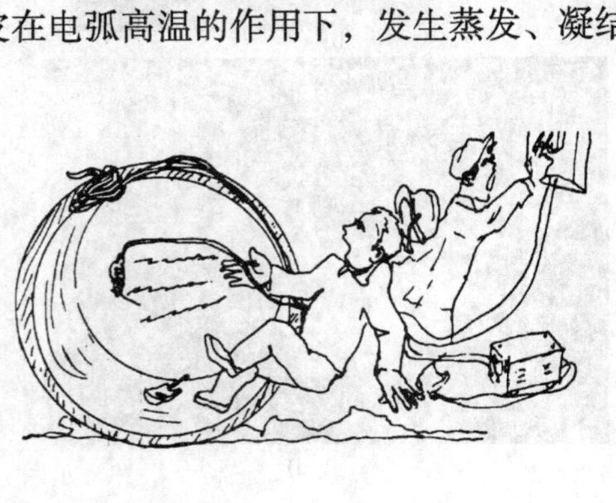

图3-9　触电

图3-10　烟尘

3）有毒气体。焊接时，电弧周围的空气在弧光强烈辐射下，还会产生臭氧、氮氧化物等有毒气体（见图3-11）。因此，对焊接场所应采取有效的通风措施。

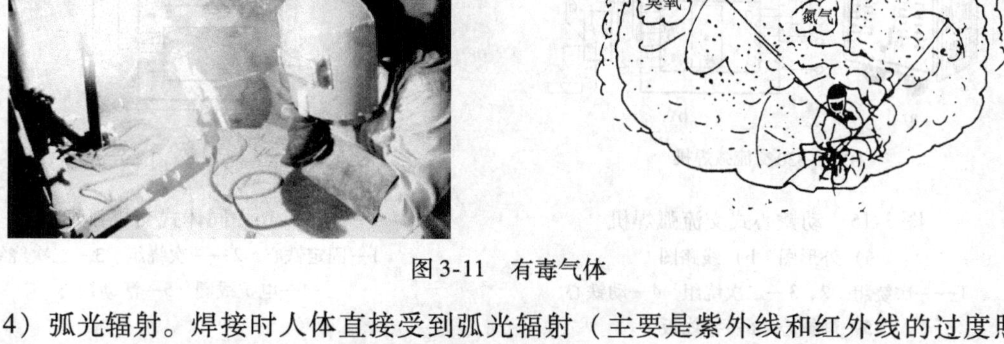

图3-11　有毒气体

4）弧光辐射。焊接时人体直接受到弧光辐射（主要是紫外线和红外线的过度照射）（见图3-12）时，还会引起眼睛和皮肤的疾病。

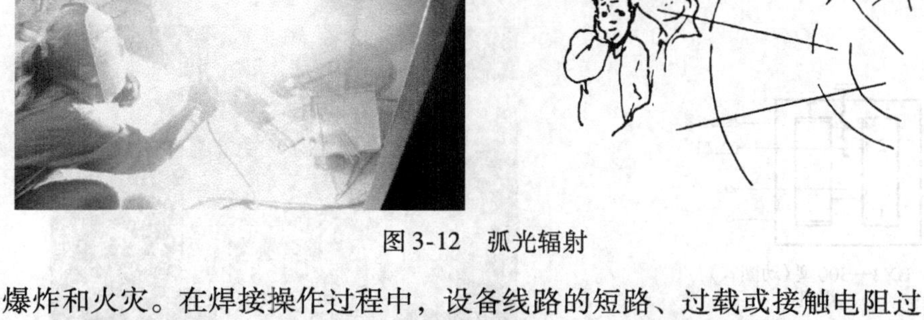

图3-12　弧光辐射

5）爆炸和火灾。在焊接操作过程中，设备线路的短路、过载或接触电阻过大及飞溅物会引着可燃易爆物品，以及燃料容器、管道补焊时防爆措施不当等（见图3-13），都有可能引起爆炸和火灾事故。

（二）焊条电弧焊设备的安全使用及故障排除

焊条电弧焊常见的焊接设备大致可分为交流弧焊电源和直流弧焊电源两大类，如图3-14所示。

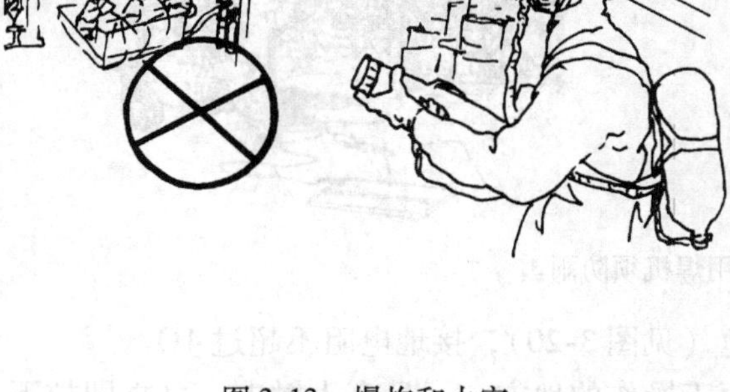

图3-13　爆炸和火灾

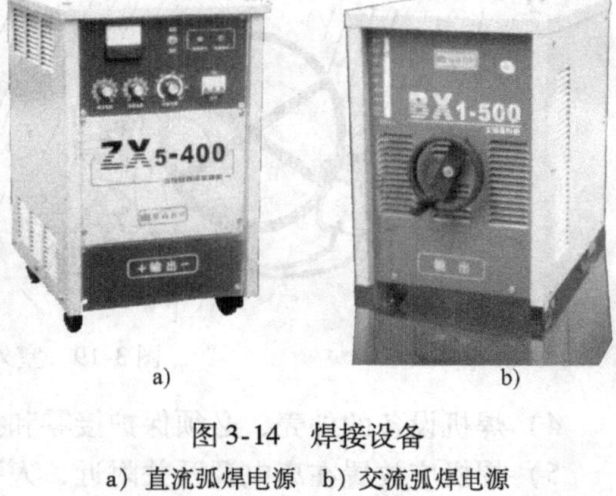

a)　b)

图3-14　焊接设备

a）直流弧焊电源　b）交流弧焊电源

交流弧焊机又分为动铁心式、同体式和动圈式（串联电抗器式、增强漏磁式）3 种，如图 3-15 ~ 图 3-17 所示。直流弧焊机又分为旋转式直流弧焊发电机、弧焊整流器和逆变弧焊机 3 种。

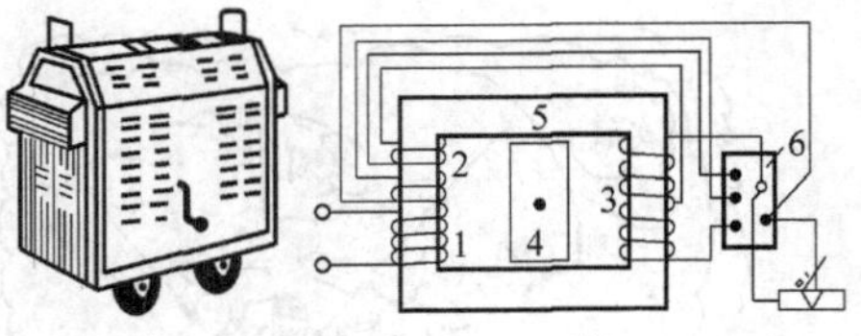
a)　　b)

BX1—330 交流弧焊机

图 3-15　动铁心式交流弧焊机

a）外形图　b）线路图

1——次绕组　2、3—二次绕组　4—动铁心

5—静铁心　6—接线板

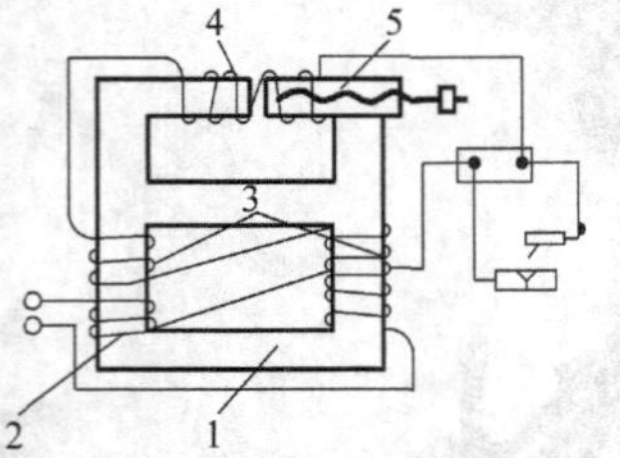
BX2—500 型（同体式）焊机

图 3-16　同体式交流弧焊机

1—固定铁心　2——次绕组　3—二次绕线

4—电抗线圈　5—活动铁心

1. 焊机的安全使用

1）焊机使用应符合该机技术说明书的规定。

2）焊机必须装有独立的专用电源开关（见图 3-18）。电源线和焊接电缆的接头应接触良好。

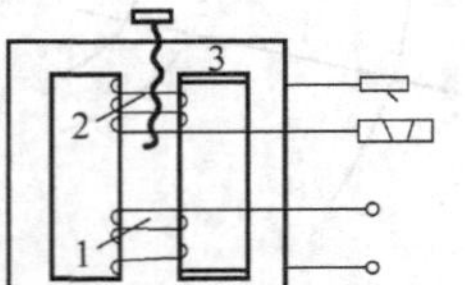
BX3—300 型（动圈式）焊机

图 3-17　动圈式交流弧焊机

1——次线圈　2—二次线圈　3—铁心

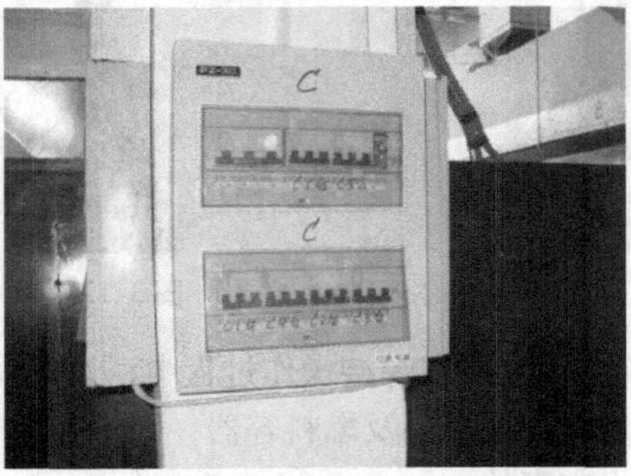
图 3-18　独立电源开关

3）防止焊机受到碰撞或剧烈振动。室外使用的焊机必须有防雨雪的措施。如图 3-19 所示。

图 3-19　室外使用焊机须防雨雪

4）焊机设备的外壳，必须保护接零和接地（见图 3-20），接地电阻不超过 4Ω。

5）焊机应放置在离电源开关附近、人手便于操作的地方，一旦有人触电，可立即拉下

开关，如图 3-21 所示。

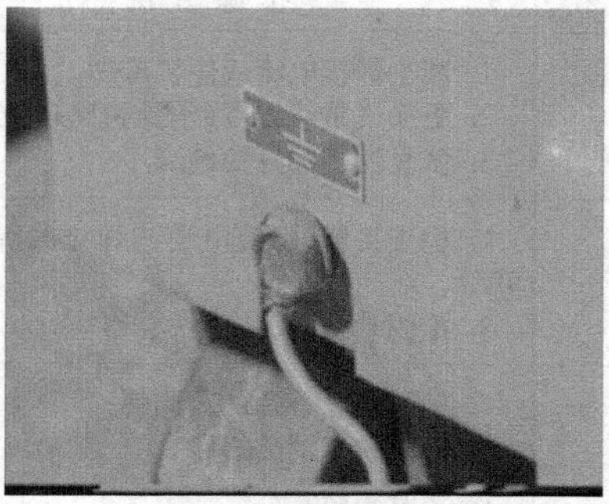

图 3-20　焊机外壳接地

图 3-21　触电拉闸

6）严禁用连接建筑物的金属构架、管道和设备等作为焊接电流回路（见图 3-22）。

7）禁止在焊机上放置任何物件和工具，起动焊机前，焊钳与焊件不能短路。

8）采用连接片改变焊接电流的焊机，在调节电流前应切断电源。

9）工作完毕或临时离开工作场地时，必须及时切断焊机电源。

10）焊接电缆线横过马路或通道时，必须采取保护措施，不得使电缆线直接横过马路（见图 3-23）。禁止电缆与油脂等易燃物接触。

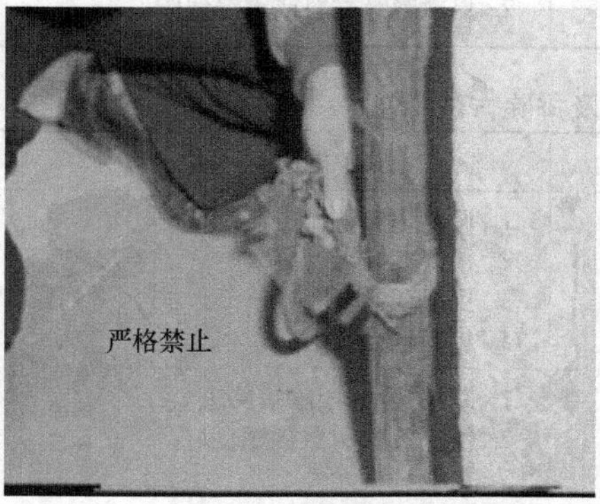

图 3-22　严禁其他设备作为焊接回路

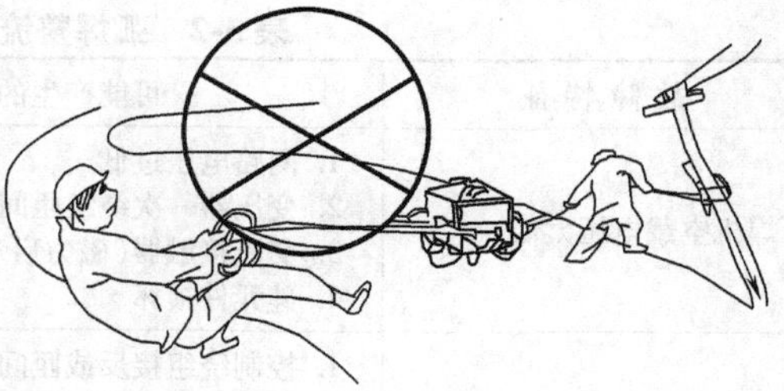

图 3-23　禁止电缆直接横过马路

11）焊机必须经常保持清洁，清扫尘埃时必须切断电源。

12）整流式弧焊机应置于干燥通风的地方，以利于散热，如图 3-24 所示。

13）焊接电缆最好用一根电缆，长度在 20～30m，若须加长，不应超过两个接头。

14）焊机电源电缆长度不应超过 2～3m，临时须加长时，应用瓷瓶架高 2.5m 以上。

2. 焊机的常见故障及排除方法

交流弧焊机的常见故障及排除方法见表 3-1。

弧焊整流器的常见故障及排除方法见表 3-2。

图 3-24　焊机通风散热

表3-1 交流弧焊机的常见故障及排除方法

故障特征	可能产生的原因	排除方法
焊机过热	1. 焊机过载 2. 变压器线路短路 3. 铁心螺杆绝缘破坏	1. 减小焊接电流或停机冷却 2. 更换或重绕线圈(消除短路现象) 3. 恢复铁心螺杆的绝缘
焊接过程中电流忽大忽小	1. 焊接回路连接处接触不良 2. 动铁心随焊机振动而移动	1. 检查接触处,使电缆与焊机或焊机接触可靠 2. 加固动铁心,防止铁心移动
焊机振动及响声不正常	1. 铁心叠片的紧固螺栓未旋紧 2. 绕组短路 3. 动定铁心间隙过大	1. 旋紧铁心叠片的紧固螺栓 2. 检查绕组消除短路 3. 铁心重新叠片
焊机外壳带电	1. 一次绕组或二次绕组碰壳 2. 电源线或焊接电缆线碰到壳 3. 焊机外壳未接地或接触不良	1. 检查并消除绕组碰壳处 2. 消除碰壳现象 3. 接妥地线
焊接电流过小或过大	1. 焊接电缆过细过长,压降太大 2. 焊接电缆卷成盘形,电感太大 3. 电缆接线柱与焊件接触不良 4. 电抗绕组短路 5. 铁心绝缘破坏,涡流增大	1. 减小电缆长度或加大直径 2. 将电缆放开,不使它成盘状 3. 使接触处接触良好 4. 切断电源,检查电抗绕组情况,排除故障 5. 检查磁路绝缘状况,排除故障
熔丝经常烧断	1. 电源线有短路或接地 2. 一次或二次绕组短路	1. 检查电源线,消除短路 2. 更换绝缘材料或重绕线圈

表3-2 弧焊整流器的常见故障及排除方法

故障特征	可能产生的原因	排除方法
焊机空载电压太低	1. 网路电压过低 2. 变压器一次绕组匝间短路 3. 交流接触器(磁力启动器)接触不良 4. 硅元件损坏	1. 调整电源电压至额定值 2. 检修变压器线圈 3. 更换或修复 4. 更换硅元件
焊接电流调节失灵,调不出大电流	1. 控制绕组接反或匝间短路 2. 焊接电流控制器接触不良 3. 控制整流元件击穿 4. 控制电路储流器极性接反	1. 纠正接线,消除短路现象 2. 使电流控制器接触良好 3. 更换整流元件 4. 纠正接线
焊接电流不稳定	1. 主回路交流接触器抖动 2. 风压开关抖动 3. 控制电路接触不良 4. 稳压器补偿线圈匝数不合适	1. 检修接触器 2. 消除抖动 3. 清理接头,使其接触良好 4. 调整补偿线圈匝数
风扇电动机不转	1. 熔断器烧断 2. 电动机引线或绕组断线 3. 开关接触不良 4. 起动电容接触不良或损坏	1. 更换熔断器 2. 接线或修复电动机 3. 修复或更换开关 4. 修复或更换起动电容
焊接时焊接电压突然降低	1. 主回路全部或部分产生短路 2. 整流元件击穿 3. 控制回路断路 4. 三相熔断器断了一相	1. 修复线路 2. 更换元件,检查保护线路 3. 检修控制回路 4. 更换熔断器
焊机外壳带电	1. 电源线误碰罩壳 2. 变压器电抗器、风扇及控制 3. 线路元件等碰罩壳 4. 未接地线或接地线不良	1. 检查并消除碰壳现象 2. 消除碰壳现象 3. 接妥地线

（三）焊条电弧焊和电弧切割的安全操作

1. 焊条电弧焊的安全操作

1）焊条电弧操作人员必须进行安全技术培训，考试合格并取得操作证后，方可独立作业。

2）在禁火区内进行焊割前，必须实行动火审批制度，由有关部门出具动火许可证后，方可作业。

3）搬运焊机、检修焊机、改变极性等操作必须在切断电源后才能进行。

4）安装、检修焊机或更换熔丝等应由电工进行，焊工不得擅自进行。

5）在焊接作业场地 10m 范围内，不得有易燃易爆物品。

6）焊工的手或身体的任一部分不能接触导电体。在潮湿地点操作时，地面上应铺设橡胶绝缘垫。

7）工作前要检查设备、工具的绝缘层有无破损，接地是否良好。

8）工作时必须按规定穿戴好个人防护用品（见图 3-25）。

图 3-25　个人防护用品

9）推、拉电源开关时，要戴绝缘手套，站在侧面，用手推闸，动作要快，以防电弧火花灼伤脸部，如图 3-26 所示。

10）在容器及舱室内焊接要设监护人和通风装置。焊接时要使用行灯（见图 3-27），使用的行灯电压为 12V。

图 3-26　拉闸方法

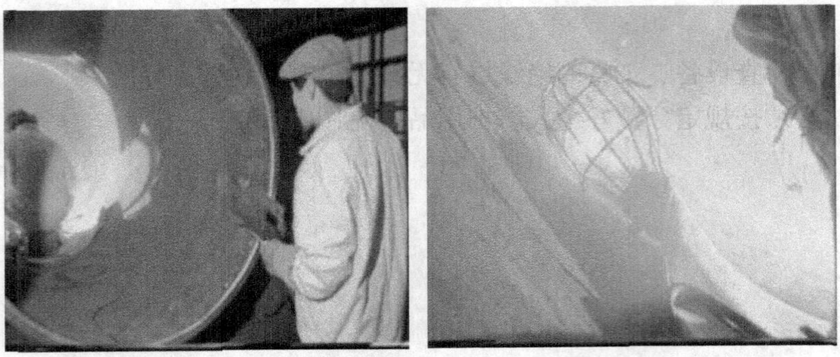

图 3-27　容器内焊接

11）登高作业之前，应先检查作业点下面地面是否符合安全要求。脚手架、桥板是否牢靠。登高作业应系标准防火安全带，并要注意防止重物和工具下落伤人（见图 3-28）。

图 3-28　登高作业

12）工作结束后要认真检查现场，必须及时切断电源，确认安全后方可离开。

2. 电弧切割的安全操作

除遵守焊条电弧焊的有关规定外，还应注意以下几点：

1）电弧切割时电流较大，要防止焊机过载发热。

2）电弧切割时烟尘大，操作者应佩戴送风式面罩。作业场地必须采取排烟除尘措施（见图 3-29 ~ 图 3-31），加强通风。

3）电弧切割时大量高温液态金属及氧化物从电弧下被吹出，应防止烫伤和火灾。

4）电弧切割时噪声较大，操作者应戴耳塞。

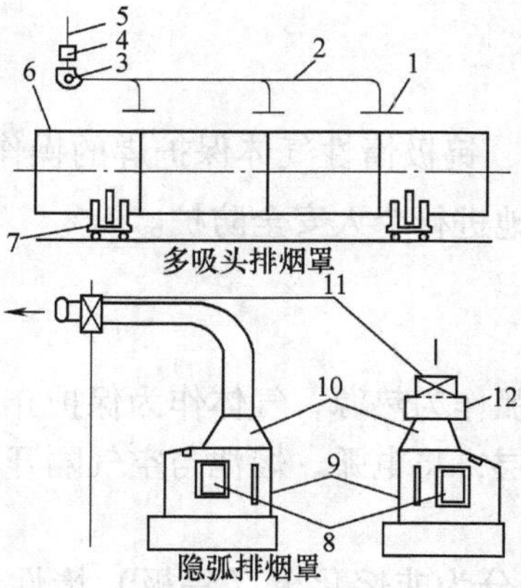

图 3-29　排烟罩

1—排烟罩　2—排烟管路　3—风机　4—过滤器　5—排出口　6—容器　7—转动轮　8—观察窗　9—罩体　10—导风管　11—风机　12—净化器

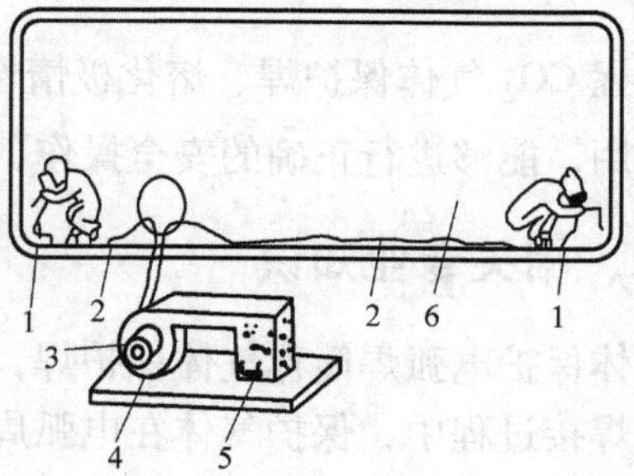

图 3-30　容器内排风示意图

1—排烟罩　2—软管　3—电动机　4—风机　5—过滤器　6—容器

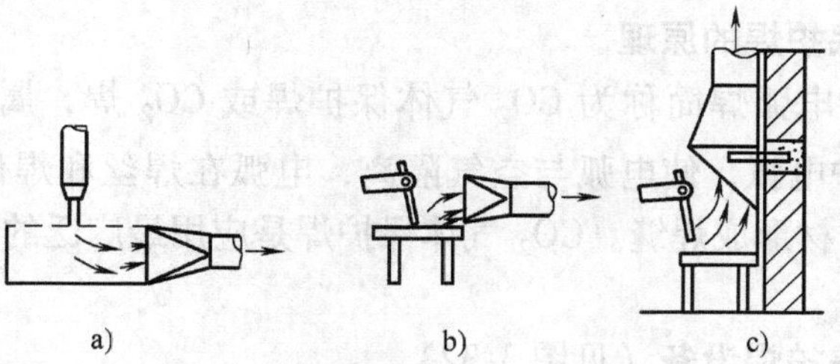

图 3-31　固定式排烟装置

a）下抽式　b）侧抽式　c）上抽式

任务二　气体保护电弧焊的操作及安全

技能点

● CO_2 气体保护焊、熔化极惰性气体保护焊、钨极惰性气体保护焊安全操作技术

知识点

● CO_2 气体保护焊、熔化极惰性气体保护焊、钨极惰性气体保护焊工艺及设备的使用

安全要点

● CO_2 气体保护焊、熔化极惰性气体保护焊、钨极惰性气体保护焊有害因素，气瓶的安全使用，个人防护措施，通风措施，防护射线的措施，防护高频的措施

一、任务分析

掌握 CO_2 气体保护焊、熔化极惰性气体保护电弧焊、钨极惰性气体保护焊的操作工艺、设备使用，能够进行正确的安全操作，操作中能够有效地进行个人安全防护。

二、相关专业知识

气体保护电弧焊简称气体保护焊，它是一种利用电弧作为热源，气体作为保护介质的熔焊。在焊接过程中，保护气体在电弧周围造成气体保护层，将电弧、熔池与空气隔开，防止有害气体的影响，并保证电弧稳定燃烧。

气体保护焊通常按电极是否熔化和保护气体不同，分为非熔化极（钨极）惰性气体保护焊（TIG）和熔化极气体保护焊（GMAW）。根据具体情况的不同，气体保护焊可采用不同的气体，常用的保护气体有二氧化碳、氩气、氦气、氢气及混合气体。气体保护焊的优点是：电弧线性好，对中容易，易实现全位置焊接和自动焊接；电弧热量集中，熔池小，焊接速度快，热影响区较窄，焊件变形小，抗裂能力强，焊缝质量好。缺点是不宜在有风的场地施焊，电弧光辐射较强。

（一）二氧化碳气体保护焊

1. 二氧化碳气体保护焊的原理

二氧化碳气体保护电弧焊简称为 CO_2 气体保护焊或 CO_2 焊，属于熔化极气体保护焊。它是利用 CO_2 气体保护电弧，使电弧与空气隔离，电弧在焊丝和焊件之间燃烧，焊丝自动送进，熔化的焊丝和母材形成焊缝。CO_2 气体保护焊是应用最广泛的一种熔化极气体保护电弧焊方法。

2. 二氧化碳气体保护焊设备（见图 3-32）

CO_2 气保焊设备有半自动焊设备和自动焊设备两类，其中 CO_2 半自动焊设备在实际生产中应用较广，其设备主要由焊接电源、焊枪及送丝系统、CO_2 供气系统、控制系统等部分组成。

3. 二氧化碳气体保护焊安全操作技术

1）穿好白色帆布工作服，戴好手套，选用合适的焊接面罩。二氧化碳气体保护焊时，飞溅较多，尤其是粗丝焊接，更易产生大颗粒飞溅，焊工应有完善的防护用具（见图 3-33），防止人体灼伤，而且更应加强防火措施。

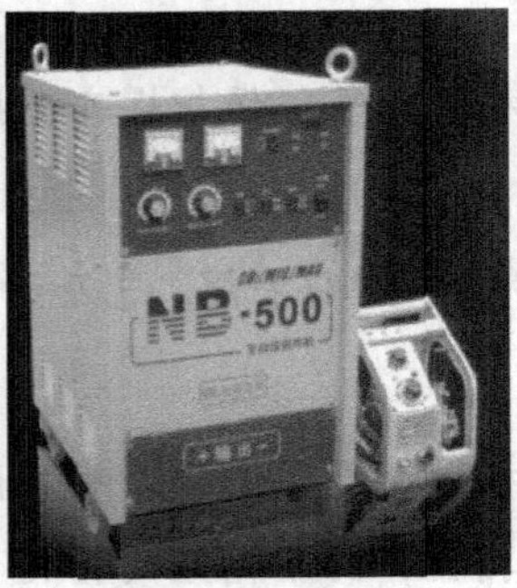

图 3-32　二氧化碳气体保护焊设备

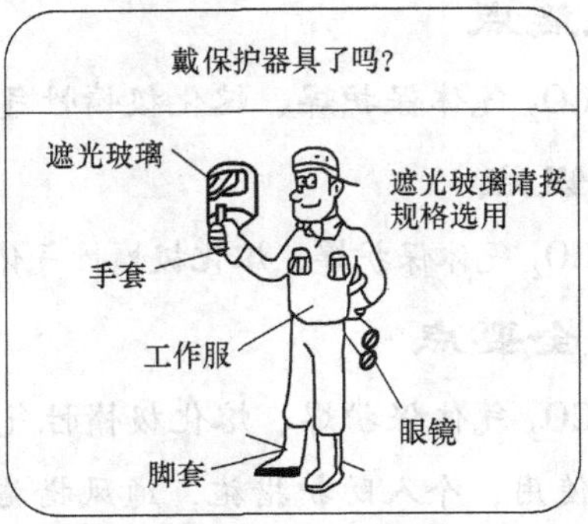

图 3-33　焊工保护用具

2）二氧化碳气体加热器（见图 3-34）所使用的电压不得高于 36V。

3）二氧化碳气瓶外表为铝白色，并有黑色“二氧化碳”字样。满瓶压力为 5～7MPa。

4）要保证有良好的通风条件，特别是在通风不良的小屋内或容器内焊接时。焊工不能在密闭的场地施焊，因为二氧化碳气体保护焊会产生烟雾、一氧化碳、二氧化碳及金属粉尘。这些气体和烟雾对人体有害，其中以一氧化碳毒性最大，而且还会使金属生锈。因此，焊接场地要安装抽风装置，保护空气流通，如图 3-35 所示。

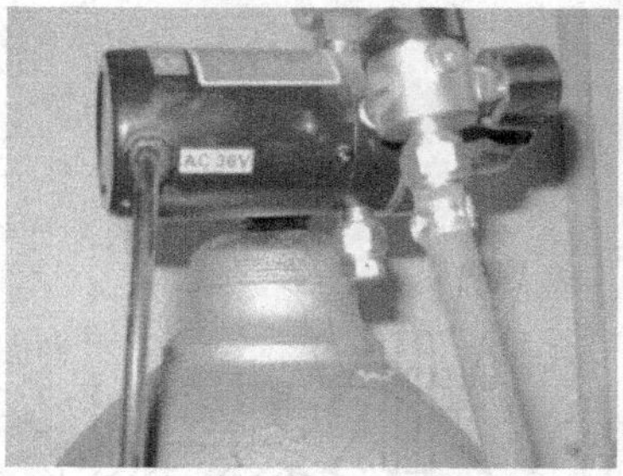

图 3-34　二氧化碳气体加热器

图 3-35　注意通风换气

5）CO_2 气瓶应远离热源，避免太阳曝晒，严禁对气瓶强烈撞击以免引起爆炸。

6）焊接现场周围不应存放易燃易爆品，如图 3-36 所示。

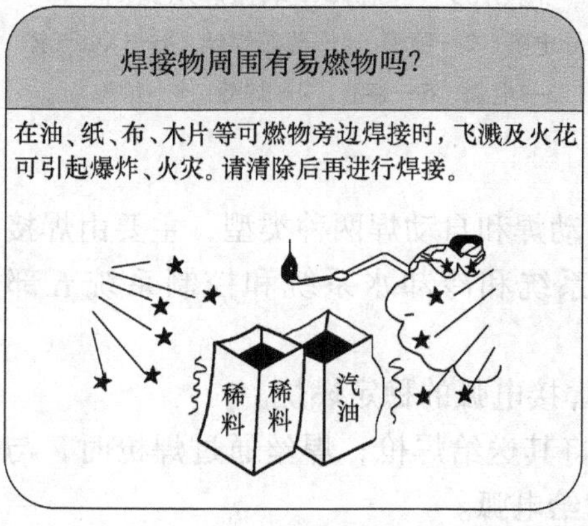

图 3-36　焊接周围禁止存放易燃物

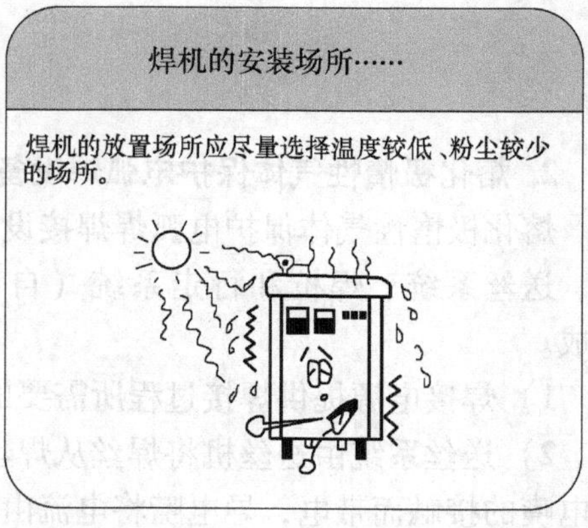

图 3-37　焊机安装场所

7）CO_2 焊不能使用交流电源。

8）CO_2 气瓶中气压降至 1.5MPa 时禁止继续使用。

9）焊机禁止安置在阳光曝晒、雨淋、潮湿、灰尘较多的地方，如图 3-37 所示。

10）焊机安装的场地禁止有斜坡、封闭的空间。通风应良好，地面应坚实。焊机距离墙及其他设备的距离不能少于 0.3mm。

11）焊工在安装 CO_2 气体流量计和减压阀时，不能站在瓶口的正面，否则高压 CO_2 气流会直接吹击人体，造成伤害。

12）焊工操作时必须穿戴劳动保护用品。因为 CO_2 焊紫外线辐射比焊条电弧焊更加强烈，容易灼伤裸露的皮肤及引起电光性眼炎等。所以，应使用 9～12 号的滤光玻璃片。各焊接工位之间应设置遮光屏，如图3-38所示。

13）CO_2焊不能焊接有色金属。

（二）熔化极惰性气体保护电弧焊

1. 熔化极惰性气体保护电弧焊的原理

熔化极惰性气体保护电弧焊（GMAW）是采用连续等速送进可熔化的焊丝与被焊工件之间的电弧作为热源来熔化焊丝和母材，形成熔池和焊缝的焊接方法。通过向焊接区连续输送保护气体，使电弧、熔化的焊丝、熔池及附近的母材金属免受周围空气的有害作用，如图3-39所示。

图3-38　焊接时的遮光与防热

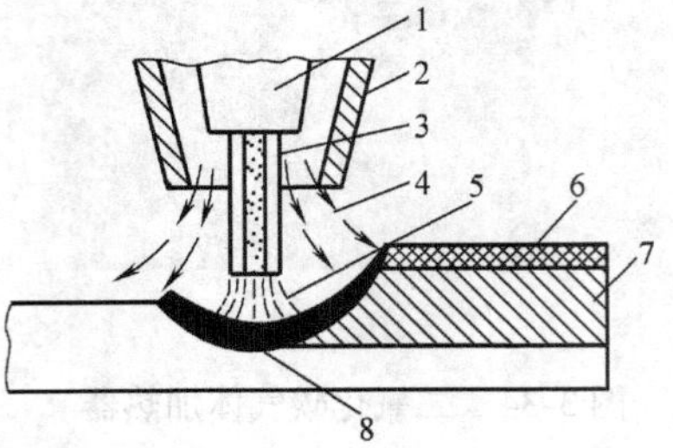

图3-39　药芯焊丝电弧焊示意图

1—导电嘴　2—喷嘴　3—药芯焊丝　4—CO_2 气体　5—电弧　6—熔渣　7—焊缝　8—熔池

2. 熔化极惰性气体保护电弧焊设备（见图3-40）

熔化极惰性气体保护电弧焊焊接设备可分为半自动焊和自动焊两种类型，主要由焊接电源、送丝系统、焊枪和行走系统（自动焊）、供气系统和冷却水系统和控制系统五部分组成。

1）焊接电源提供焊接过程所需要的能量，维持焊接电弧的稳定燃烧。

2）送丝系统由送丝机将焊丝从焊丝盘中拉出并将其送给焊枪；焊丝通过焊枪时，与铜导电嘴的接触而带电，导电嘴将电流由焊接电源输送给电弧。

3）供气系统提供焊接时所需要的保护气体，将电弧、熔池保护起来，若采用水冷焊枪，则还配有冷却系统。

4）控制系统主要是控制和调整整个焊接程序：开始和停止输送保护气体和冷却水，起动和停止焊接电源接触器，以及按要求控制送丝速度和焊接小车的行走方向、速度等。

3. 熔化极惰性气体保护电弧焊的安全操作技术

熔化极惰性气体保护电弧焊焊接时，弧光辐射比焊条电弧焊强，因此应加强防护。熔化极惰性气体保护焊除应遵守焊条电弧焊的有关安全操作规定外，还应注意以下几点：

1）适当的服装可对飞溅的熔融颗粒进行防护，以及保护身体不受电弧的辐射。

2）用药芯焊丝进行焊接时产生的烟雾比实芯焊丝要大，而自保护药芯焊丝产生的烟雾比使用保护气体的药芯焊丝要大得多，应注意加强通风及个人防护。

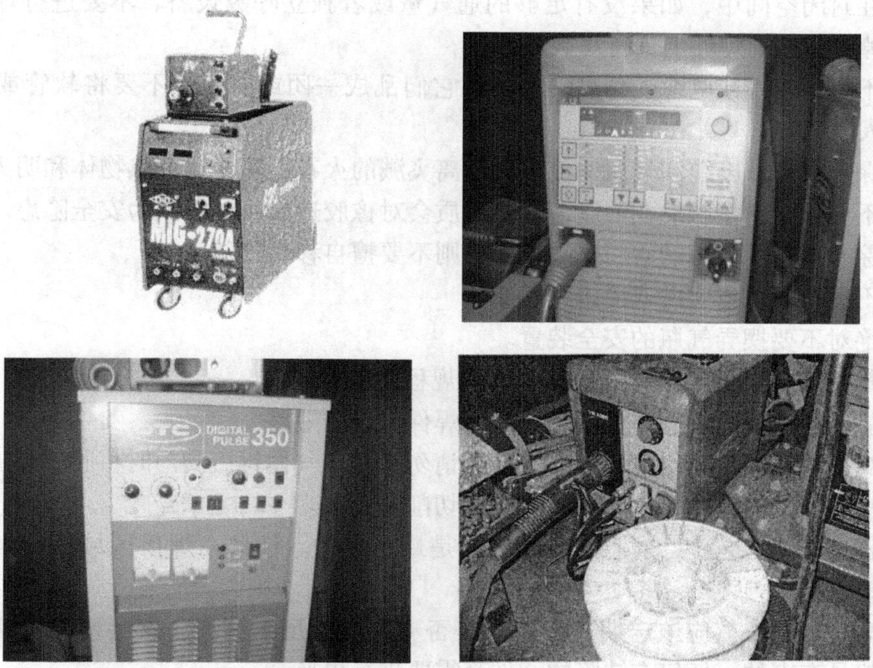

图 3-40　熔化极惰性气体保护电弧焊设备

3）熔化极惰性气体保护电弧焊在焊接电弧高温下会产生对人体有害的烟尘和有毒气体，如臭氧、氮氧化物及一氧化碳等，应加强防护。特别是在容器内施焊，更应加强通风，可使用能供给新鲜空气的特殊面罩，且容器外应有专人监护，如图 3-41 所示。

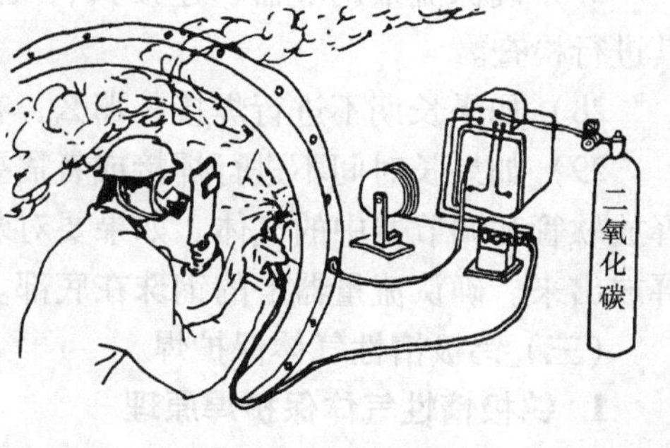

图 3-41　焊接烟尘

4）大电流粗丝熔化极气体保护焊时，应防止焊枪冷却系统漏水破坏绝缘，发生触电事故。

5）用于 MIG 焊的焊接电源通常使用 380V 的电源。这些电压能够使人受伤甚至致命，所以不要在任何能够导电的位置进行操作。焊接操作的地板应该始终保持干燥绝缘。

6）焊接电源必须良好接地，以保护操作人员不被漏电所伤害。

7）不要将焊炬放在焊件或台面上，应当将其挂在安全的地方，保证电极不会接触到任何可能接地的金属。

8）不要使用劣质焊接电缆。当发现连接的部分发热时，可能是因为有接触不良的情况出现。

9）不要在压缩气体的气瓶上进行电弧打火。

10）不要在易燃易爆材料附近进行焊接。用酒精或其他易燃溶剂对铝材进行去污处理时，若焊接区域的通风情况不良，则会造成火灾隐患。

11）如果没有进行正确的预防操作，不要在曾经存放过易燃易爆品的集装箱上焊接。

12）在封闭空间中，如果没有足够的通气量或者独立呼吸设备，不要进行焊接。不要在没有擦掉脱脂剂的焊件上进行焊接。

13）不要让软管或电缆受到踩踏。避免它们乱成一团或打结。不要将软管或电缆放在可能绊到人的地方。

14）保护软管、电缆和气瓶，使它们远离飞溅的火花、热金属、热物体和明火。

15）不要让软管接触油或油脂，这些物质会对橡胶造成腐蚀，成为安全隐患。

16）除非拧紧了气瓶的阀门保护帽，否则不要擅自移动气瓶。

17）不要以任何方式抛或撞击气瓶。

18）绝对不要摆弄气瓶的安全装置。

19）气瓶的使用要遵守《气瓶安全监察规程》的规定。

20）操作准备时应注意焊丝和焊枪远离焊件，以防短路。

21）高压气体喷出会引发人身事故，故请勿在打开气体钢瓶阀门时将脸部靠近出气孔。

22）没有佩戴安全护目镜时，不要进行切削和打磨。

23）任何焊接工艺中，对眼睛的保护都是最基本的。任何在焊接区域内的人员必须配备安全眼镜。

24）防护罩和头盔应该定期进行检查是否有漏光或反射情况。这些情况可能不容易注意到，但却是有害的。任何有缺陷的元件都需要进行更换。

25）在使用遥控器上的点动开关时，首先调节焊接电流，焊接电流大则送丝速度快。点动送丝时，请勿将焊枪的端部接近面部、眼睛、身体。否则焊丝会突然快速伸出刺入面部、眼睛、身体而造成伤害。

26）手指、头发、衣物等切勿靠近旋转中的送丝轮，否则会被卷入造成伤害。

27）确保流量调节器、连接头、气瓶阀门的连接没有漏气。在加压时，使用肥皂水对其进行检查。

28）如果长期不进行焊接，那么，在停止焊接后，调整调节器上的旋钮以释放压力。

29）如果长时间不进行焊接或者需要拆卸机器时，要关闭气瓶阀门（见图3-42），然后释放软管和调节器中的气体。如果要对装置进行拆卸，确保所有的气压都从软管和流量器中释放出来。确认流量器上的钢珠在底部。

（三）钨极惰性气体保护焊

1. 钨极惰性气体保护焊原理

钨极惰性气体保护焊是利用钨极（不熔化极）和焊件之间燃烧的电弧加热金属以获得金属的结合，如图3-43所示。在焊接过程中用氩气或氦气保护电极和焊接区，可添加或不添加填充金属（简称TIG焊）。不同的金属材料，在进行钨极氩弧焊时要采用不同的电流种类及极性，铝、镁及其合金一般选用交流，而其他金属焊接均采用直流正接。

钨极氩弧焊按操作方式可分为手工焊、半自动焊和自动焊3类，其中手工钨极氩弧焊应用最广泛，半自动钨极氩弧焊则很少应用。

2. 钨极氩弧焊设备（见图3-44）

钨极氩弧焊设备由焊接电源、引弧及稳弧装置组成。

3. 钨极氩弧焊安全技术

（1）钨极氩弧焊的有害因素

图 3-42　气瓶阀门关闭状态

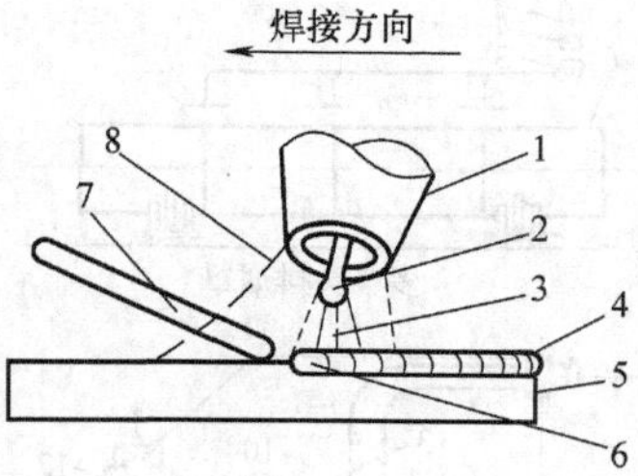

图 3-43　钨极惰性气体保护焊示意图

1—喷嘴　2—钨极　3—电弧　4—焊缝　5—焊件
6—熔池　7—填充焊丝　8—惰性气体

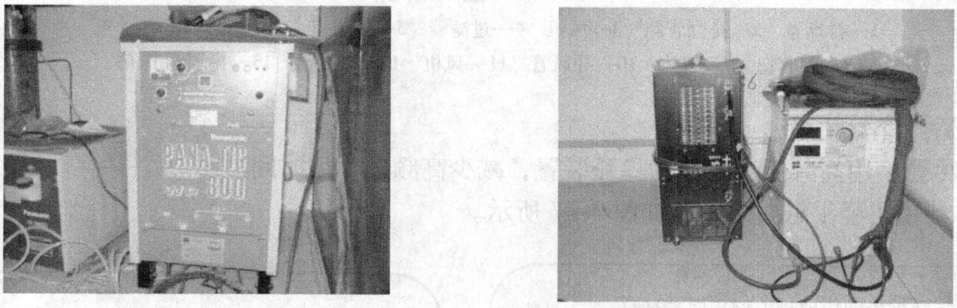

图 3-44　钨极氩弧焊设备

1）放射性。钍钨极中的钍是放射性元素，但钨极氩弧焊时，钍钨极的放射剂量很小，在允许范围之内，危害不大。如果放射性气体或微粒进入人体作为内放射源，则会严重影响身体健康。

2）高频电磁场。采用高频引弧时，产生的高频电磁场强度在 60 ~ 110V/m 之间，超过参考卫生标准（20V/m）数倍，但由于时间很短，对人体影响不大。

3）有害气体——臭氧和氮氧化物。氩弧焊时，弧柱温度高，紫外线辐射强度远大于一般焊条电弧焊，因此在焊接过程中会产生大量的臭氧和氮氧化物，尤其臭氧的浓度远远超出参考卫生标准，在纯铝或铝硅合金的焊接时，臭氧的浓度更高。若不采取有效的通风措施，这些气体对人体健康影响很大。

（2）钨极氩弧焊安全操作技术　钨极氩弧焊除应遵守焊条电弧焊的有关安全操作规定外，还应注意以下几点：

1）通风措施（见图 3-45）。氩弧焊工作现场要有良好的通风装置，以排出有害气体及烟尘。除厂房通风外，可在焊接工作量大、焊机集中的地方，安装几台轴流风机向外排风，还可采用局部通风的措施将电弧周围的有害气体抽走。此外，在狭小的作业场所时更要注意通风换气，如图 3-46。

2）防护射线的措施。尽可能采用放射剂量极低的铈钨极。钍钨极和铈钨极加工时，应采用密封式或抽风式砂轮磨削，操作者应佩戴口罩、手套等个人防护用品，加工后要洗净手脸。钍钨极和铈钨极应放在铅盒内保存。

3）防护高频的措施。为了防备和削弱高频电磁场的影响，采取的措施有：

① 焊件良好接地，焊枪电缆和地线要用金属编织线屏蔽。

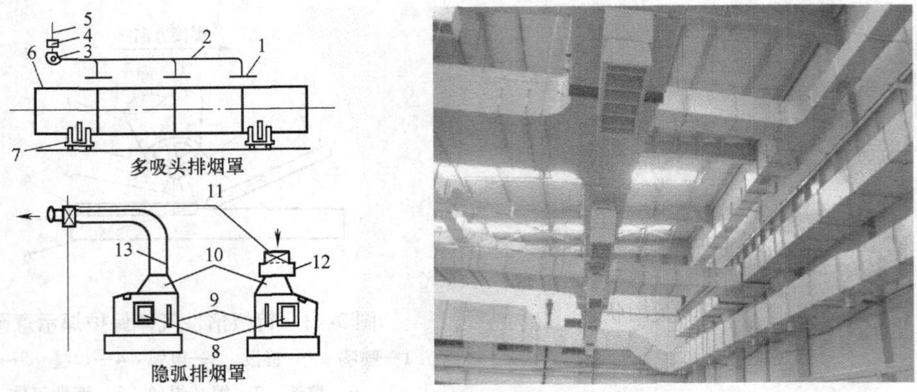

图 3-45　通风措施

1—排烟罩　2—排烟管路　3—风机　4—过滤器　5—排出口　6—容器　7—转动轮
8—观察窗　9—罩体　10—导风管　11—风机　12—净化器　13—排烟调节板

② 适当降低频率。

③ 尽量不用高频振荡器作为稳弧装置，减少高频电作用时间。

4）禁止用湿手触碰焊机，如图 3-47 所示。

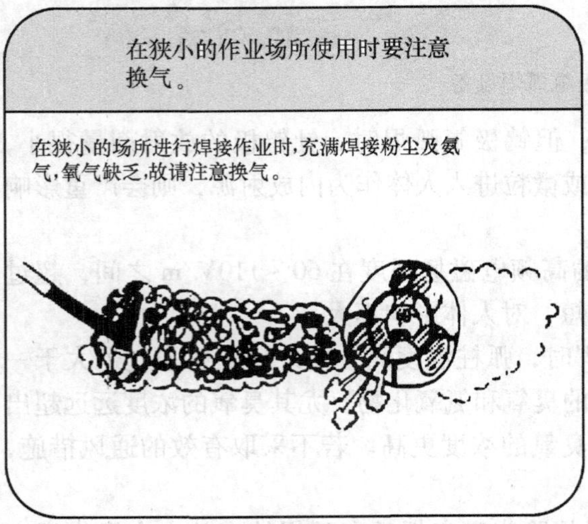

图 3-46　作业场所通风

图 3-47　防止触电

5）焊接作业场所附近禁止存放易燃物品，如图 3-48 所示。

6）焊机电源内部的灰尘要用干燥的压缩空气清除，至少每年两次。焊机内的清扫务必在关掉电源开关后进行，如图 3-49 所示。

7）在使用冷焊枪时，要检查冷却水箱内是否有锈和水垢，如图 3-50 所示。水箱内的铁锈及水垢流入焊枪内时，冷却水流通不畅，焊枪变热，容易烧损。

8）焊枪电缆及母材电缆应拉直或弯曲使用，而且两根电缆应尽量平行靠近，如图 3-51 所示。

9）其他个人防护措施。氩弧焊时，由于臭氧和紫外线作用强烈，必须穿戴非棉布工作服。在容器内焊接且又不能采用局部通风的情况下，可以采用送风式头盔、送风口罩或防毒口罩等个人防护用品。

图 3-48　焊接作业场所附近禁止存放易燃物品

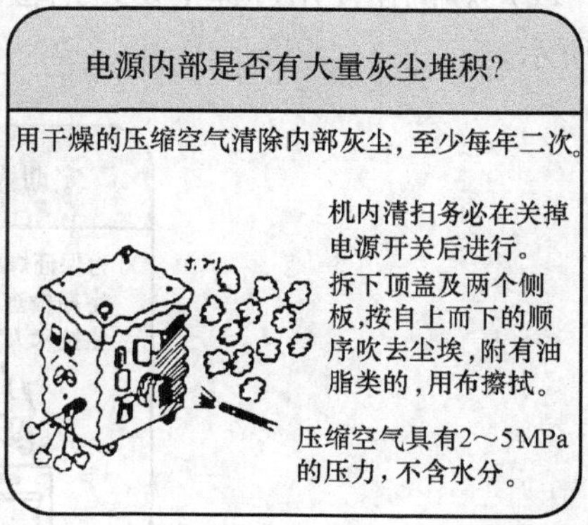

图 3-49　电源内部灰尘清除

图 3-50　清除水箱内铁锈及水垢

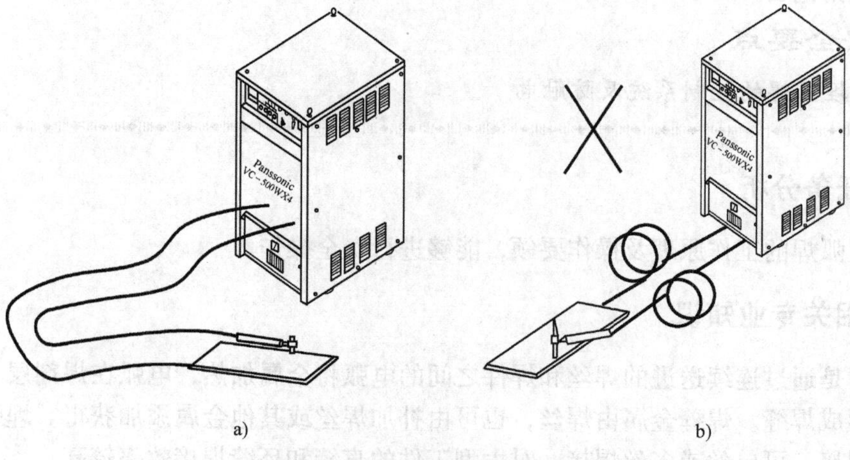

图 3-51　焊接电缆的使用

a）正确使用　b）错误使用

10）气瓶的安全使用。氩气瓶满瓶压力为15MPa，氩气瓶的使用应遵守《气瓶安全监察规程》的规定。

11）焊机在使用过程中要定期检查，可以与维修服务专业技术人员签署合同，如图3-52所示。

图3-52　定期检查

任务三　埋弧焊的安全技术

技能点

● 埋弧焊安全操作事项

知识点

● 埋弧焊的基本工作原理、埋弧焊的特点、与焊条电弧焊相比其优点和缺点及埋弧焊的适用范围

安全要点

● 埋弧焊的控制系统及防触电

一、任务分析

掌握埋弧焊的工作原理及操作要领，能够进行安全操作。

二、相关专业知识

埋弧焊是通过连续送进的焊丝和焊件之间的电弧将金属加热，电弧在焊剂层下燃烧并熔化金属，形成焊缝。焊缝金属由焊丝，也可由补加焊丝或其他金属添加获得。埋弧焊大都采用机械化焊接，可单丝或多丝焊接，对大型工件的直缝和环缝焊接效率较高。

（一）埋弧焊的焊缝形成过程

焊丝由送丝机构送进，通过导电嘴，焊丝末端与焊件轻微接触，焊剂则由漏斗口流出，均匀地堆敷在待焊处。引弧后，电弧除直接加热母材和焊丝形成熔池、熔滴外，其辐射热还熔化周围焊剂，形成熔渣。部分金属和焊剂甚至被加热成蒸气将熔渣排开，形成一个笼罩着电弧和熔池的弧腔，使电弧与外界空气隔绝。随着电弧向前移动，液态金属随之冷却凝固而形成焊缝。熔渣则凝固成渣壳，覆盖于焊缝表面，如图3-53所示。

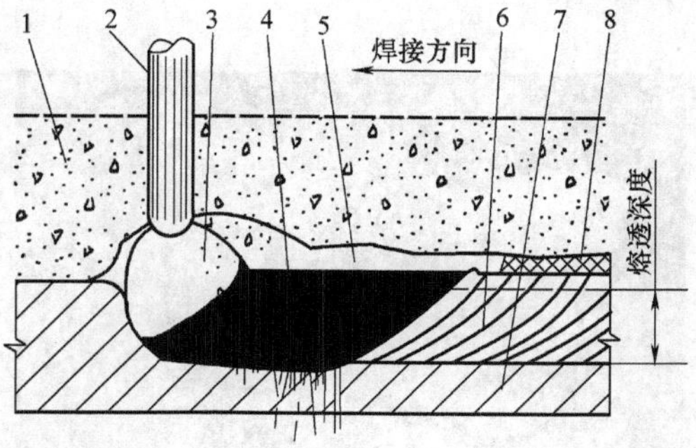

图3-53　埋弧焊原理示意图

1—焊剂　2—焊丝（电极）　3—电弧　4—熔池　5—熔渣　6—焊缝　7—母材　8—渣壳

（二）埋弧焊的优点

1）生产率高。

2）焊缝质量好。

3）省工、省料、省电，成本较低。

4）劳动条件好，较容易掌握。

5）在有风的环境中焊接时，埋弧焊的保护效果比其他电弧焊好。

（三）埋弧焊的缺点

1）埋弧焊电弧被焊剂所覆盖，在焊接过程中不易观察熔池，易产生烧偏等缺陷。

2）埋弧焊仅适用于平焊位置及有规则的长焊缝的焊接，在其他位置焊接需采取特殊措施。

3）埋弧焊适宜焊接工件为中厚板而不适于2mm以下的薄板焊接。

4）埋弧焊设备比较复杂，使用的机动性、灵活性差。

（四）埋弧焊的适用范围

埋弧焊适用于焊接中厚板结构的长焊缝，除此之外，还可以在基本金属表面堆焊耐磨或耐腐蚀的合金层。

随着焊接冶金技术与焊接材料生产技术的发展，埋弧焊能焊的材料已从碳素钢发展到低合金结构钢、不锈钢、耐热钢以及某些有色金属等。

埋弧焊时，为了调整焊接机头与焊件的相对位置，使焊缝处于最佳的施焊位置或达到预期的工艺目的，一般都需要相应的辅助设备与焊机相配合。

（五）埋弧焊安全操作事项

1）注意选用功率适合的弧焊电源、电源开关、熔断器及辅助装置（见图3-54），以满足通常为100%高负载持续率的工作要求。

2）控制箱、弧焊电源及小车的壳体或机体必须可靠接地。

3）所有电缆接头必须拧紧，接线板罩壳必须盖好。

4）埋弧自动焊机的小车轮子要有良好的绝缘，导线应绝缘良好（见图3-55），工作过程中应理顺导线，防止扭转及被熔渣烧坏。

5）清除焊机行走通道上的各种障碍物，以免中断正常焊接。触及电缆接头、焊丝、电嘴、焊丝盘及其支架、送丝滚轮、齿轮箱等带电体，以免触电。

6）焊剂漏斗口相对于焊件应有足够高度，以免焊剂层堆高不足而造成电弧穿顶，形成明弧。

7）按起动按钮引弧前，应施放焊剂，以避免引燃明弧。

8）操作工应穿戴个人防护用品。

9）操作场地应设有通风设施，以便及时排除焊剂施放出来的烟尘和有毒气体。

10）搬迁焊机、设备搁置不用或停止焊接后，操作工离岗都要切断电源开关。

11）半自动埋弧焊机的焊把应有固定放置处，以防短路。

图 3-54　埋弧焊设备

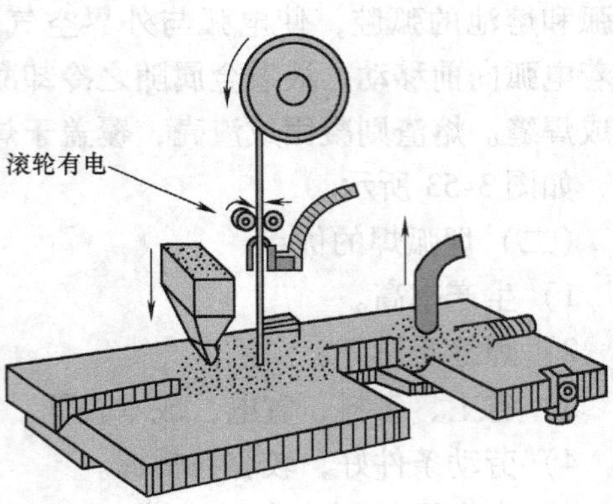

图 3-55　埋弧焊焊接过程示意图

任务四　等离子弧焊接与切割操作及安全

技能点

- 等离子弧焊接及切割的安全操作技术

知识点

- 等离子弧应用、等离子弧焊接设备、等离子弧切割设备

安全要点

- 防触电安全、防弧光辐射安全、防高频和射线危害安全、防灰尘和烟气安全、防噪声安全

一、任务分析

掌握等离子弧焊接及切割的操作工艺，正确使用等离子弧焊接设备、等离子弧切割设备，操作过程中能够注意安全操作及安全防护。

二、相关专业知识

等离子弧是将普通电弧通过机械压缩、热压缩及磁压缩3种压缩作用而获得的。由于弧柱断面被压缩得较小，因而等离子弧能量集中、温度高（最高温度可达18000～24000K）、焰流速度大。这些特性使得等离子弧广泛应用于焊接、喷涂、堆焊及切割。等离子弧由等离子体组成，就是充分电离了的气体。由于其中的正、负电荷数相等，所以就其整体而言仍是中性的。

（一）等离子弧焊设备（见图3-56）

和钨极氩弧焊一样，按操作方式的不同，等离子弧焊接设备可分为手工焊和自动焊两类。手工等离子弧焊设备由焊接电源、焊枪、控制电路、气路和水路等部分组成；自动焊设备由焊接电源、焊枪、焊接小车（或转动夹具）、控制电路、气路及水路等部分组成。按照焊接电流的大小，等离子弧焊接设备可分为大电流等离子弧焊接设备和微束等离子弧焊接设备。

1. 切割电源（见图 3-57）

图 3-56　等离子弧焊接设备

图 3-57　等离子弧切割电源

等离子弧切割与等离子弧焊接一样，一般都采用陡降外特性的直流电源，但是切割用电源输出的空载电压一般在 150～400V 之间。

2. 割枪（见图 3-58）

等离子弧切割割枪基本上与等离子弧焊接的焊枪相同，割枪中的电极可采用纯钨、钍钨、铈钨，但空气等离子弧切割时，则采用镶嵌式锆或铅电极。

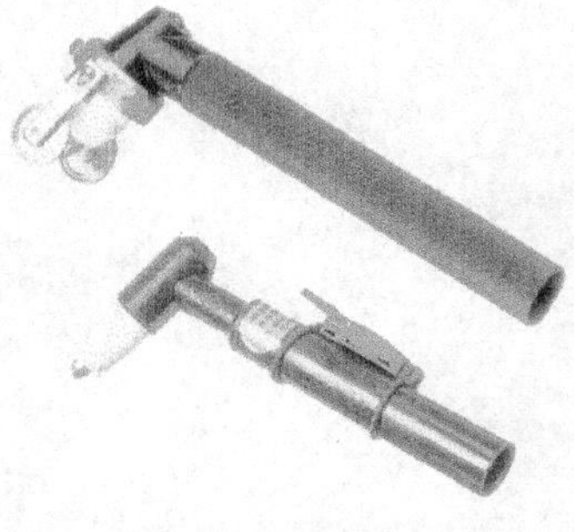

图 3-58　割枪

（二）等离子弧焊接及切割的安全操作技术

1. 防触电安全技术

等离子弧焊接和切割用电源的空载电压较高，尤其在焊工操作时，有电击的危险。因此必须注意以下几点：

1）电源在使用时必须可靠接地。

2）焊枪枪体或割枪枪体与手接触的部分必须可靠绝缘。

3）可以采用较低电压引燃非转移弧后，再接通较高电压的转移弧回路。

4）如果起动开关装在手把上，必须对外露开关套上绝缘橡胶管，避免手直接接触开关。

5）等离子弧焊接和切割用喷嘴及电极的寿命相对较短，要经常更换，更换时要保证电源处于断开状态。

2. 防弧光辐射安全技术

1）等离子弧较其他电弧的光辐射强度更大，尤其是紫外线对皮肤的损伤特别严重，因此，操作者在焊接和切割时必须戴上良好的面罩、手套，颈部也要保护。

2）面罩上除具有黑色目镜外，最好加上吸收紫外线的镜片。

3）自动操作时，可在操作者与操作区之间设置防护屏。

3. 防高频和射线危害安全技术

1）等离子弧焊接和切割都采用高频振荡器引弧，但高频对人体有一定的危害。引弧频率选择在 20 ~ 60kHz 较为合适。

2）等离子弧焊接和切割采用钍钨极时，同钨极氩弧焊一样，有明显的射线危害。为减少放射性影响，应尽量选用铈钨极。

4. 防灰尘和烟气安全技术

1）等离子弧焊接和切割过程中伴随有大量气化的金属气、臭氧、氮氧化物等。

2）切割时，由于气体流量大，致使工作场地上的灰尘大量扬起，这些烟气和灰尘对操作工人的呼吸道、肺等产生严重影响。因此要求工作场地必须配置良好的通风设备。

5. 防噪声安全技术

等离子弧会产生高强度、高频率的噪声，尤其采用大功率等离子弧切割时，其噪声更大，这对操作者的听觉系统和神经系统非常有害。要求操作者必须戴耳塞，或尽量采用自动化切割。

课题四　其他金属焊接与切割及安全

任务一　电阻焊的操作及安全

技能点

- 电阻焊的安全操作技术

知识点

- 电阻焊设备、焊接电源、电极、电气系统

安全要点

- 可靠的接地保护、防止漏电造成人体电击伤害、操作前检查电阻焊设备

一、任务分析

掌握电阻焊设备的操作工艺，正确使用焊接设备，操作过程中能够注意安全操作及安全防护。

二、相关专业知识

电阻焊是以电阻热为能源的一种焊接方法，它包括点焊、缝焊、凸焊和对接焊。常用的电阻焊方法如图 4-1 所示。

电阻焊一般是将被焊工件压紧于两电极之间，并通过电流，利用电流通过焊件时所产生的电阻热，将其加热到熔化或塑性状态，实现金属连接的一种方法。它采用大电流且焊接过程中始终要施加压力，其目的是为了防止接触面产生电弧并锻压焊缝。

汽车制造业常用点焊的几种设备如图 4-2 所示。

（一）电阻焊设备（见图 4-3）的安全应用

电阻焊设备包括点焊机、缝焊机、凸焊机和对焊机，有些场合还包括与这些焊机配套的控制箱。各种焊机主要由机身、焊接电源、压力传动装置、电极、气路系统、水冷却系统和电气系统等组成。

1. 机身

在电阻焊机身的箱体内，一些电器元件带有较高的电压，所以采用护板、门、盖将其遮拦，避免造成人体触电。

2. 焊接电源

焊接电源是供给电阻焊电能的设备，通常使用水冷焊接变压器，一次线圈有 220V、440V

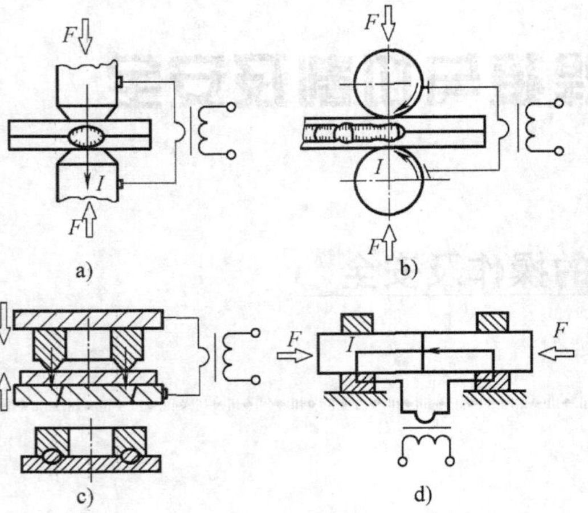

图 4-1　主要电阻焊方法

a) 点焊　b) 缝焊　c) 凸焊　d) 对焊

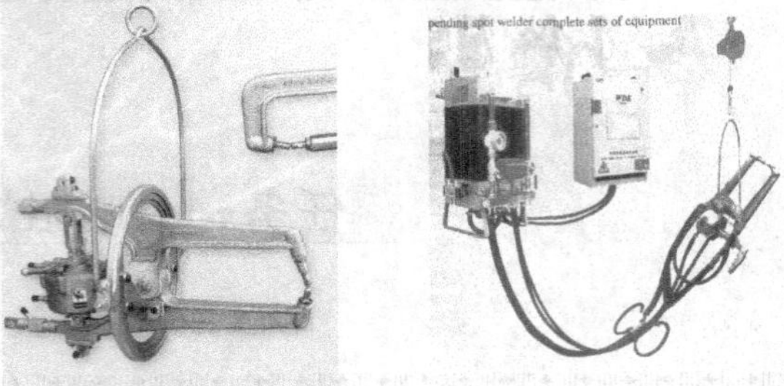

图 4-2　悬臂式点焊机

图 4-3　电阻焊设备

或 500V 电压等，电流能在 150 ~ 10000A 内变化；二次线圈输出 30V 以下低电压，电流则可高达 2×10^6 A。

电阻焊电源的共同特点是网路供给的电压较高，要保持绝缘良好，注意防止漏电造成人体电击伤害。

3. 压力传动装置

压力传动装置应具备操作上的可靠性，以免给操作者造成意外的伤害。空气脚踏开关应保护起来，如加装护罩，避免误操作。

4. 电极（见图 4-4）

电阻焊的专用电极在高电流密度和连续施加机械压力的作下，会受到磨损，容易损坏，所以必须对损坏的电极及时修复或更换。电极和电极座、夹钳应通冷却水，以降低金属受热软化的程度，并减少操作者被电极灼伤的危险，电极上的电压很低，一般在 30V 以下，所以不会有电击的危险。

5. 气路及水冷却系统

气路系统的连接应牢固、可靠，具有足够的截面积来输送压缩空气，以保证气动压力装置动作灵活、可靠。若气路系统出现泄漏、堵塞现象，应予以及时维修。维修之前，电阻焊机应切断电源，关闭压缩空气进气阀。电阻焊机的水冷却系统在焊接作业时，应保证供水。

6. 电气系统

电阻焊主回路采用低电压大电流，焊接作业中，电缆因每分钟 3600 次的电脉动引起两条电缆连续抖动，导致电缆疲劳破损而不得不经常更换。所以，操作者应勤于检查电缆情况，发现问题及时处理，如图 4-5 所示。

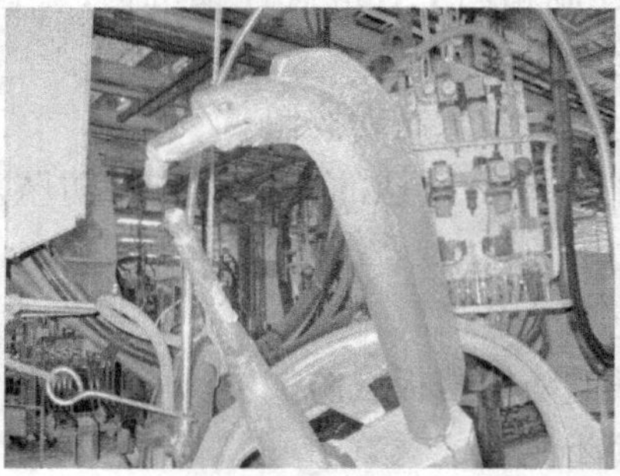

图 4-4　电阻焊电极

图 4-5　检查电缆

（二）电阻焊的安全操作技术

1）工作前应仔细、全面地检查电阻焊设备，使冷却水系统、气路系统及电气系统处于正常状态，并调整焊接参数使之符合工艺要求。

2）穿戴好个人防护用品，如工作帽、工作服、绝缘靴及手套等，并调整绝缘胶垫或木站台装置，以防止触电危险（见图 4-6）。

3）开动焊机时，应该先开冷却水阀门，以防焊机烧坏。

4）操作时应戴上防护眼镜，操作者的眼睛应避开火花飞溅的方向，以防灼伤眼睛。

5）在使用设备时，不要用手触摸电极头球面，以免受到灼伤，如图 4-7 所示。

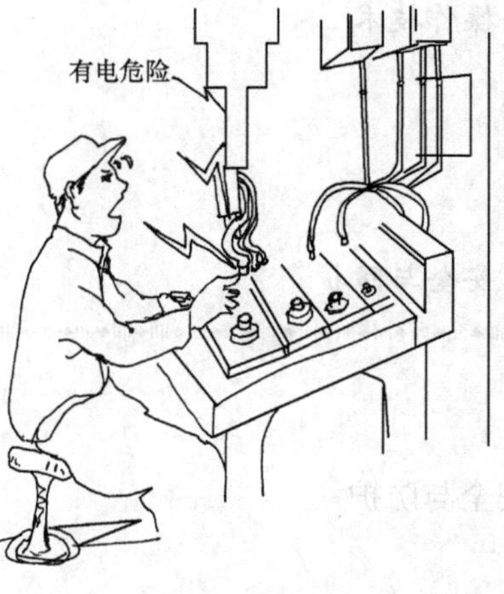

图 4-6　触电危险

图 4-7　避免灼伤

6）上、下工件要拿稳，双手应与电极保持一定距离，手指不能放置于两待焊焊件之间。焊件堆放应稳妥、整齐，并留出通道。

7）焊机放置的场所应保持干燥，地面应铺设防滑板，焊工采用外水冷式焊机作业时应穿绝缘靴。

8）作业区附近不能有易燃易爆物品，工作场所应通风良好，保持安全、清洁的环境。粉尘严重的封闭作业间，应有除尘设备。在闪光对焊或点焊、缝焊有镀层的焊件时，应有通风设备。

9）如要对设备进行调整或维修，应先切断电源。

10）装有电容储能装置的电阻焊机，在密封的控制箱门上，应有连锁机构，当开门时应使电容短路，手动操作开关亦应附加电容短路安全措施。

11）复式、多工位操作的焊机，应在每个工位上装有紧急制动按钮。

12）手提式焊机的构架，应能经受操作中产生的震动，吊挂的变压器应有防坠落的保险措施，并应经常检查。

13）焊机的脚踏开关，应有牢固的防护罩，防止意外开动。

14）电阻焊机作业时，应设有防止焊件火花飞溅的防护挡板或防护屏。

15）电阻焊施焊时，焊机控制装置的柜门必须关闭。

16）控制箱装置的检修与调整应由专业人员进行。

17）缝焊作业时，焊工必须注意电极的转动方向，防止滚轮切伤手指。

18）工作结束后，应关闭电源、气源、水源。冷却水应延长10min再关闭。在温度过低时还应排除水路的积水，防止冻结。

任务二　钎焊的操作及安全

技能点

- 浸沾钎焊、感应钎焊、火焰钎焊的安全操作技术

知识点

- 钎焊的基本原理

安全要点

- 浸沾钎焊、感应钎焊、火焰钎焊操作的安全与防护

一、任务分析

掌握浸沾钎焊、感应钎焊、火焰钎焊操作的安全与防护。

二、相关专业知识

钎焊与熔焊不同，它是采用液相线温度比母材固相线温度低的金属材料作为钎料，将母材和钎料加热，钎料熔化（母材仍是固态），利用液态钎料润湿母材，填充接头间隙并与母材溶解和扩散而实现焊接的。

1. 钎料与母材相关的两个特性

1）钎料的熔点应低于母材的熔点。

2）钎料在母材上必须能够浸润，就是说，钎料和母材之间的分界面间隙通过扩散能够实现合金化。钎焊工作温度是指在钎料浸润条件下的最低表面温度。

一般来说，大于 450℃ 的为软钎焊，小于 450℃ 的为硬钎焊，当超过 900℃ 时为高温钎焊。

2. 钎焊过程

钎焊过程包括熔态钎料的填充过程及钎料与母材的相互作用过程（见图 4-8）。

1）熔态钎料的填充过程的必要条件是钎料的润湿作用和毛细作用。影响钎料润湿作用的主要因素有钎料和母材的组合、钎焊的温度、母材表面氧化物、母材表面粗糙度、钎焊剂。

2）钎料与母材的相互作用可分为两种：一种是固态母材向液态钎料的熔解；另一种是液态钎料向母材的扩散。这些相互作用对钎焊接头性能的影响很大。

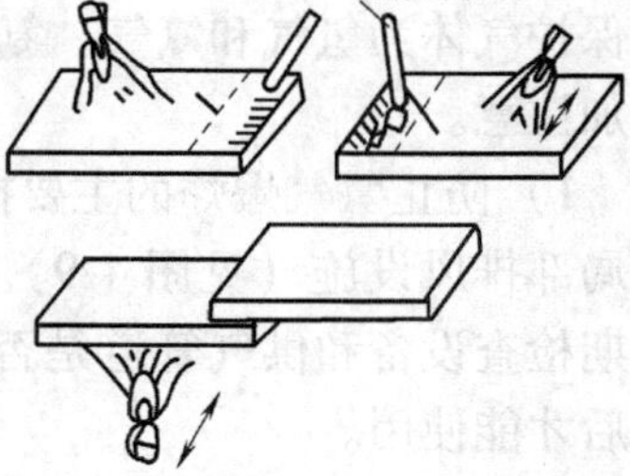

图 4-8　钎焊过程示意图

（一）浸沾钎焊操作的安全与防护

浸沾钎焊分为盐浴钎焊和金属浴钎焊两种。它们是将钎焊件局部或整体浸入熔融的盐液或熔态钎料中进行加热和钎焊的方法。浸沾钎焊的优点是加热速度快，生产效率高，液态介质保护焊件不氧化，特别适用于大规模连续性生产。其缺点是能源消耗量大，钎焊过程中从熔盐中挥发出大量有害气体，严重污染环境。因此，浸沾钎焊操作过程中必须采取严格的防护措施，以保证操作人员的人身安全。

1）盐浴钎焊所用的盐类，多含有氯化物、氟化物和氰化物，它们在钎焊加热过程中会挥发出有毒气体。另外在钎料中又含有挥发性金属，如锌、镉、铍等，这些金属蒸气对人体十分有害，铍蒸气甚至有剧毒。在软钎焊中所含的有机溶液蒸发出来的气体对人体也十分有害。因此，对上述这些有害气体和金属蒸气，必须采取有效的通风措施进行排除。

2）在向盐浴槽中添加钎料时，必须事先把钎料充分烘干否则会引发爆炸。

（二）感应钎焊操作的安全与防护

感应钎焊是将钎焊件放在感应线圈所产生的交变磁场中，依靠感应电流加热焊件。感应钎焊设备主要由感应电流发生器和感应线圈组成。感应钎焊时电流频率的使用范围较宽，一般可在 10～460kHz 间选用，感应钎焊的特点是加热快、效率高、可进行局部加热，且容易实现自动化。

高频感应加热电源在工作过程中高频电磁场泄漏严重，对其周围环境构成严重的电磁波污染，主要表现在无线电干扰和对人体健康的危害两个方面，同时污染的强度又和高频电源的功率成正比，所以在进行感应钎焊时，必须对高频电磁场泄漏采取严格的防护措施。

（1）防高频危害措施　对高频加热电源最有效的防护是对其泄漏出来的电磁场进行有效的屏蔽。通常是采用整体屏蔽，即将高频设备和馈线、感应线圈等都放置在屏蔽室内，操作人员在屏蔽室外进行操作。屏蔽室的墙壁一般用铝板、铜板或钢板制成，板厚一般为 1.2～1.5mm。操作时对需要观察的部位可装活动门或开窗口，一般用 40 目的铜丝屏蔽活动门或窗口。

（2）防触电措施　为了高频加热设备工作安全，要求安装专用地线，接地电阻要小于 4Ω。而在设备周围，特别是工人操作位置要铺设耐压 35kV 的绝缘橡胶板。设备检修一般不允许带电操作，检修时，必须切断总电源开关，并用放电棒将各个电容器组放电后，才允许进行检修工作。

(3) 防干烧措施　设备起动操作前应仔细检查冷却水系统，只有当冷却水系统工作正常时，才允许通电预热振荡管。

（三）炉中钎焊操作的安全与防护

炉中钎焊是将装配好钎料的焊件放在炉中加热并进行钎焊的方法，其特点是焊件整体加热、焊件变形小、加热速度慢。且一炉可同时钎焊多个焊件，适于批量生产。炉中钎焊常用的保护气体为氢气和氮气。氮气不燃烧，使用时比较安全；氢气为易燃易爆气体，使用时要严加注意。

1）防止氢气爆炸的主要措施有加强通风，除氢气炉操作间整体通风外，设备上方要安装局部排风设施（见图4-9）。设备启动前必须先通风，定期检查设备和供气管道是否漏气，若发现漏气必须修复后才能使用。

2）氢气炉操作间内禁止使用明火，电源开关最好用防爆开关，氢气炉接地要良好。

3）钎焊完毕，炉内温度降到400℃以下时，才可关闭扩散泵电源，待扩散泵冷却低于70℃时才可关闭机械泵电源，保证钎焊件和炉腔内部不被氧化。

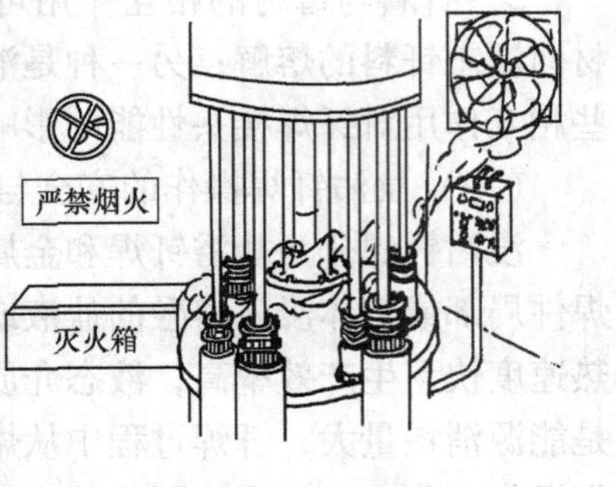

图4-9　排风措施

（四）火焰钎焊操作的安全与防护

火焰钎焊是使用可燃气体与氧气混合燃烧的火焰进行加热的钎焊，其所用的设备简单、操作方便。但是这种方法的生产率低、操作技术要求高，适用于碳素钢、铸铁以及铜及其合金等材料的钎焊。如硬质合金车刀的火焰钎焊如图4-10所示，硬质合金铣刀的火焰钎焊如图4-11所示。

图4-10　硬质合金车刀的火焰钎焊

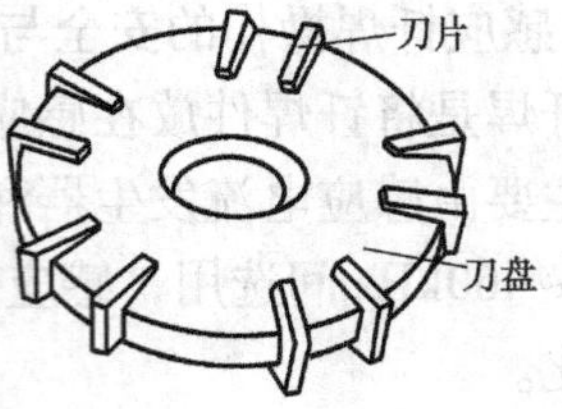

图4-11　硬质合金铣刀的火焰钎焊

火焰钎焊所用的可燃气体有乙炔、丙烷、石油气等，助燃气体有氧气和压缩空气。火焰钎焊操作的安全与防护参见气焊与气割的有关内容。

课题五　焊接与切割事故典型案例分析

技能点

- 掌握常见事故发生的规律，能做到预防事故的发生

知识点

- 常见事故的原因　常见事故的分类　常见事故的主要预防措施

安全要点

- 严格遵守安全技术操作规程，预防事故的发生

在焊割作业生产中所发生的触电、火灾、爆炸、高空坠落及其他事故等，其主要原因归纳为一句话——人的因素，即安全意识淡薄、工作责任心不强。因此，在工作中学而非用，往往带有侥幸心理去对待安全工作，如违章作业、无证操作、不穿戴防护用品等。也就是说，很多事故发生后经不起原因分析，只要操作者稍有安全意识，事故就能避免发生。通过安全知识学习，不断提高焊割作业人员的安全素质，为了实现预防为主的安全生产目标，应该从我做起。为了进一步达到安全教育的效果现将事故实例提供参考。

任务一　触电事故案例分析

案例 1　焊工擅自接通焊机电源，遭电击（见图 5-1）

事故经过：

某厂有位焊工到室外临时施工点焊接，焊机接线时因无电源闸盒，便自己将电缆每股导线头部的胶皮去掉，分别接在露天的网线上，由于错接零线在火线上，当他调节焊接电流用手触及外壳时，即遭电击身亡。

主要原因分析：

由于焊工不熟悉有关电气安全知识，将零线和火线错接，导致焊机外壳带电，酿成触电死亡事故。

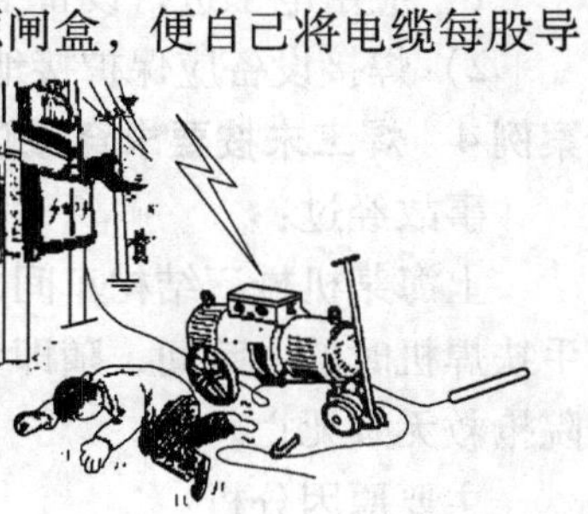

图　5-1

主要预防措施：

焊接设备接线必须由电工进行，焊工不得擅自进行。

案例 2　更换焊条时手触焊钳口，遭电击（见图 5-2）

事故经过：

某船厂有一位年轻的女焊工正在船舱内焊接，因舱内温度高加之通风不良，身上大量出汗将工作服和皮手套湿透。在更换焊条时触及焊钳口，发生痉挛后仰跌倒，焊钳落在颈部未

能摆脱，造成电击，且无人发现。事故发生后经抢救无效而死亡。

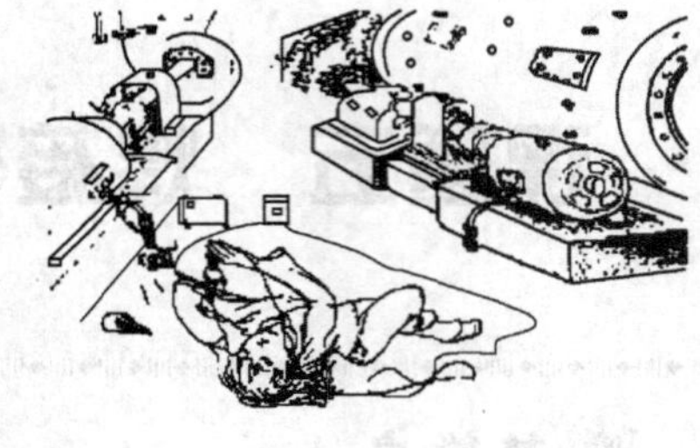

图 5-2

主要原因分析：

1）焊机的空载电压较高超过了安全电压。

2）船舱内温度高，焊工大量出汗，人体电阻降低，触电危险性增大。

3）触电后未能及时发现，电流通过人体的时间较长，使心脏、肺部等重要器官受到严重破坏，抢救无效。

主要预防措施：

1）船舱内焊接时，要设通风装置，使空气对流。

2）舱内工作时要设监护人，随时注意焊工动态，遇到危险征兆时，立即拉闸进行抢救。

案例3　接线板烧损，焊机外壳带电，造成事故（见图5-3）

事故经过：

某厂点焊工甲和乙进行铁壳点焊时，发现焊机一次线圈已断，电工甲只找了段软线交于乙自己更换。乙换线时，发现一次线圈接线板螺栓松动，使用扳手拧紧（此时甲不在现场），然后试焊几下就离开现场，甲返回后不了解情况，便开始点焊，只焊了几下就大叫一声倒在地上，工人丙立即拉闸，但由于抢救不及时而死亡。

图 5-3

主要原因分析：

1）因接线板烧损，线圈与焊机外壳相碰，因而引起短路。

2）焊机外壳未接地。

主要预防措施：

1）应由电工进行设备维修。

2）焊接设备应保护接地。

案例4　焊工未按要求穿戴防护用品，触电身亡（见图5-4）

事故经过：

上海某机械厂结构车间，用数台焊机对产品机座进行焊接，当一名焊工右手合电闸、左手扶焊机时的一瞬间，随即大叫一声，倒在地上，经送医院抢救无效死亡。

图 5-4

主要原因分析：

1）焊机机壳带电。

2）焊工未戴绝缘手套及穿绝缘鞋。

3）焊机接地失灵。

主要预防措施：

1）工作前应检查设备绝缘层有无破损，接地是否良好。

2）焊工应穿戴好个人防护用品。

3）推、拉电源开关时，要戴绝缘手套，动作要快，站在侧面。

案例5 焊机动力线绝缘损坏，焊工触电死亡（见图5-5）

事故经过：

某厂有位焊工，因焊接工作地点距离插座较远，便将长电源线拖在地面，并通过铁门。当其关门时，铁门挤破电源线的绝缘皮而带电，致使该焊工遭电击身亡。

图 5-5

主要原因分析：

焊机的电源线太长并且拖在地面上，违反安全规定，当电缆的橡胶绝缘套被铁门挤破时，造成漏电，焊工触电导致电击死亡。

主要预防措施：

焊机电源线不得超过2～3m，严禁将焊机电源线拖于地面。确实需要延长时，必须离地面2.5m沿墙或立柱用瓷瓶布设。同时，还应避免电缆受到机械性损伤，防止电缆绝缘损坏而漏电。

案例6 焊条触及自身脖颈，焊工触电死亡（见图5-6）

事故经过：

某厂一焊工进入地沟补焊一段分支管道上的裂纹时，焊钳曾在地沟口的铁框上接触短路，产生火花，但未引起其重视。第二次进入地沟时，带电的焊条端部不慎触及其右侧后颈部，当即呼叫一声，便失去知觉。此时检修工闻声，立即跑到8m远的焊机旁，拉下电闸。将该焊工从地沟内拉出。立即实施人工呼吸，经长时间抢救，终因抢救无效死亡。

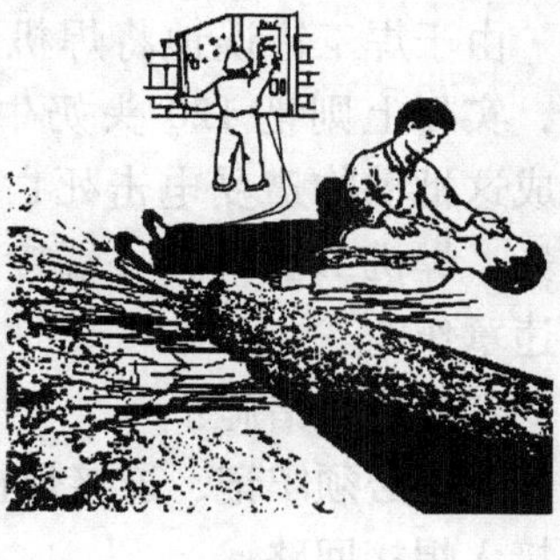

图 5-6

主要原因分析：

该焊工第一次补焊后，身体已出汗，人体电阻下降，地沟内狭窄且潮湿，又未采取可靠的绝缘保护措施。第二次进入沟时，臂部又紧靠在铁框上，当焊条端部触及脖颈时，使二次电流通过其身体，发生触电死亡。

主要预防措施：

1）损坏的管子可拆卸下来，移出地沟外补焊，避开在狭窄空间内工作。

2）若管子不便于拆卸而需要在地沟口或沟内补焊时，应采取可靠的绝缘防护措施才能进行补焊。

3）在狭窄、潮湿的地沟内进行焊接作业，必须有两名焊工轮换作业，并互相监护。

4）焊机应有监护人员专人负责，待焊工到达工作地点后，再起动焊机进行焊接。

5）焊工停焊后，应及时关闭焊机。特别是在作业环境较狭窄的场地，这一点尤其重要。

案例7 焊机外壳漏电，焊工调节焊接电流时触电死亡（见图5-7）

事故经过：

某厂有台焊机发生故障，随即安排电工进行检修，电工在检修时将焊机的地线拆除，经检查后认为焊机没有故障。电工离去后，焊工随即合闸操作，在调节焊接电流时，刚抓住摇把即发生触电，经抢救无效死亡。

主要原因分析：

焊机虽经电工检修，但外壳漏电现象并未排除。而焊工未检查焊机是否接地就合闸操作，故造成电击死亡。

图 5-7

主要预防措施：

所有交流或直流焊机的外壳均必须接地或接零。没有接地或接零装置的焊机不得投入运行。焊工在工作前，必须先检查焊机是否有可靠接地或接零装置，焊机各部位绝缘是否良好，接线点是否连接牢固等，确认安全可靠后，才能合闸操作。

案例 8　焊机一输出端接在水龙头上，120 头奶牛遭电击死亡（见图 5-8）

事故经过：

某养牛场用来拴奶牛的一根铁管需补焊，在铁管上用铁链拴着 120 头奶牛。焊接时，电流通过铁管、铁链、牛的身体、水泥地板和水管，形成一个闭合的焊接电气回路，焊接电流击毙了 120 头奶牛。

图 5-8

主要原因分析：

由于焊工错误地将焊机的一输出端接到水龙头上，实际上则把 120 头奶牛接入焊机的二次回路，造成这批动物遭受电击死亡，并使经济上受到严重损失。焊机二次回路一端接到自来水龙头上是错误的违章作业。

主要预防措施：

焊工必须牢记，连接焊机二次回路输出端时，不得将人体、动物或机器设备的传动部件等接入焊接回路。

案例 9　焊工带银项链导致触电死亡（见图 5-9）

事故经过：

某年 7 月 14 日上午 10 时许，某船厂一名焊工在焊接时不慎触电，大叫一声倒在地上，经送医院抢救无效死亡。有关人员在检查现场时，发现焊机、接线情况及电缆线、焊钳、手套等均无任何问题，只是死者后颈上有一条不粗的线状烙印，在地下有一摊白色的熔融过的金属。

主要原因分析：

检查设备和现场均未发现问题，但焊工被确认触电死亡，根据地上有一摊白色的熔融过的金属和死者后颈有一条不粗的线状烙印，可推断焊工在低头干活时，其银项链下坠触电，造成触电死亡。

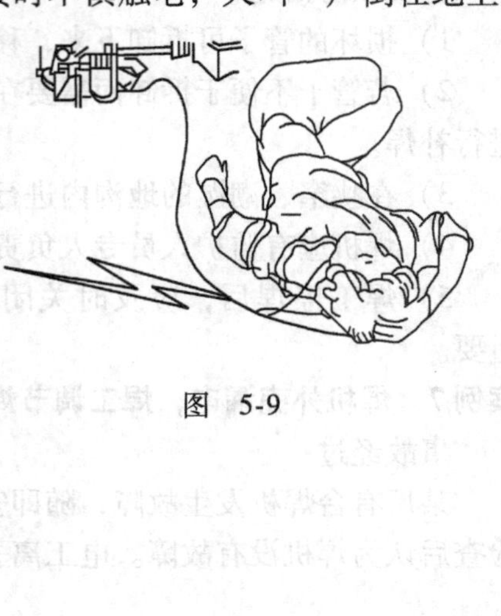

图 5-9

主要预防措施：

焊工作业过程中要防止金银项链碰到电源引起触电。

任务二　火灾事故案例分析

案例1　焊工在容器内焊接，借用氧气置换引起火灾事故（见图5-10）

事故经过：

某农药厂机修焊工进入直径为1m、高为2m的繁殖锅内焊接挡板，未装排烟设备，而用氧气吹锅内烟气，使烟气消失，当焊工再次进入锅内焊接作业时，只听“轰”的一声，该焊工烧伤面积达88%，三度烧伤占60%，抢救7天后死亡。

图　5-10

主要原因分析：

1）用氧气作通风气源，严重违章。

2）进入容器内焊接未设通风装置。

主要预防措施：

1）进入容器内焊接应设通风装置。

2）通风气源应该是压缩空气。

案例2　氧气瓶的减压器着火烧毁（见图5-11）

事故经过：

某建筑队气焊工在施焊时，使用漏气的焊炬，焊工的手心被调节轮处冒出的火苗烧伤起泡，涂上了灌油，还继续施焊，施焊过程中又一次发生回火，氧气胶管爆炸，减压器着火并烧毁，关闭氧气瓶阀门时，氧气瓶上半截已很热，将手烫伤。

图　5-11

主要原因分析：

1）漏气的焊炬容易发生回火。

2）在调节氧气压力时，氧气瓶阀和减压器沾上油脂，发生回火，在压缩纯氧强烈氧化作用下引起剧烈燃烧。

主要预防措施：

1）气焊前应检查焊炬是否良好，发现漏气严禁使用，待修复后再继续施焊。

2）不能用带有油脂的手套去开启氧气瓶阀和减压器。

案例3　动火场地不符合要求，引燃大火（见图5-12）

事故经过：

某船厂焊工顾某向驻船厂消防员申请动火，消防员未到现场就批准动火。顾某气割时，船底的油污遇火花飞溅，引燃熊熊大火。在场人员用水和灭火机扑救不成，造成5人死亡，1人重伤，3人轻伤的事故。

图　5-12

主要原因分析：

1）消防员失职，盲目审批。

2）动火部位下方有油污。

3）现场人员缺乏灭火知识。

主要预防措施：

1）消防员接到申请动火报告后，要深入现场察看，确认安全才能下发动火证。

2）要清除动火部位下方的油污。

3）要加强员工的消防安全知识的学习。

案例4　无证违章操作，酿特大火灾（见图5-13）

事故经过：

2000年12月25日晚，位于洛阳市老城区的某商厦计划于26日试营业，正紧张忙碌地装修店貌。商厦顶层4层开设的一个歌舞厅正举办圣诞狂欢舞会，楼下几簇小小的电焊火花将正在装修的地下室烧起，火势和浓烟顺着楼梯直逼顶层歌舞厅，酿成了20世纪末的特大灾难，夺走了309人的生命。

图　5-13

主要原因分析：

1）着火的直接原因是雇用的4名焊工没有受过安全技术培训，在无特种作业人员操作证的情况下进行违章作业。

2）没有采取任何防范措施，野蛮施工致使熔化的焊渣溅落下层，引燃了地下层家具商场的木制家具、沙发等易燃物品。

3）在慌乱中用水龙头向下浇水自救火不成，几个人竟然未报警就逃离现场，贻误了灭火和疏散的时机，致使309人中毒窒息死亡。

主要预防措施：

1）焊工应持证上岗。在焊接过程中要注意防火。

2）焊接场所应采取妥善的防护措施：

① 要设专职安全员监视火种。

② 易燃品要远离工作场地10m以外，若移不去应采取切实可行的隔离措施。

案例5　喷漆房内电焊作业起火（见图5-14）

事故经过：

焊工甲在喷漆房内焊接一焊件时，电焊火花飞溅到附近积有较厚的油漆膜的木板上起火。在场工人见状都惊慌失措，有的拿扫帚打火，有的用压缩空气吹火，造成火势扩大。后经消防队半小时抢救，将火熄灭，虽未伤人，但造成很大财物损失。

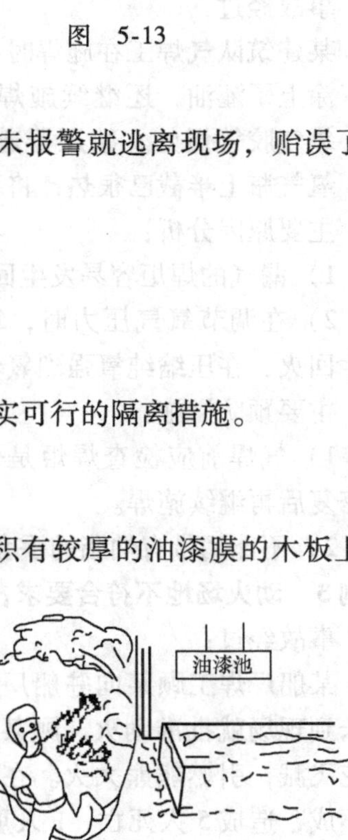

图　5-14

主要原因分析：

1）在禁火区焊接前未经动火审批，擅自进行动火作业，违反了操作规程。

2）未清除房内的油漆膜和采取任何防火措施，就进行动火作业。

3）灭火方法不当，错误地用压缩空气吹火，不但灭不了火，反而助长了火势，造成事故扩大的后果。

主要预防措施：

1）不准在喷漆房内进行明火作业，若必须施焊，应执行动火审批制度。

2）清除一切可燃物。

3）油漆房内应备有沙子、泡沫或二氧化碳灭火器材。

案例6　避雷针作为焊机的接地极引发火灾（见图5-15）

事故经过：

某厂的1名焊工在焊接时，选用车间的避雷针作为接地极。经过几个小时的工作后，与避雷针相接触的车间木质结构厂房被引燃，大火烧毁了车间、厂房及有关设备、物品。

主要原因分析：

这是一起违章作业，而且该厂对避雷设施缺乏维护保养，对接地电阻也未进行定期检测，导致避雷针日久锈蚀陈旧，其接地电阻太大，远超过规定。电阻热引燃了车间木质结构厂房而引发火灾。

图　5-15

主要预防措施：

焊机接地极的接地电阻不得超过4Ω，对避雷设施进行维护保养，使其处于完好状态。不能将避雷针作为焊接接地极。

案例7　向含有油污的积水地沟内吹氧，烧死焊工（见图5-16）

事故经过：

某厂的3名青年焊工到地沟里排除积水，由于水面上有一层油，油的蒸气使焊工感到胸闷，焊接组长向地沟吹送氧气。随即组长下地沟去找一名焊工，他手持香烟刚下到梯子的一半时，地沟突然起火。3名焊工被烧伤，但神志清醒，在送往医院后均因呼吸系统严重烧伤，抢救无效死亡。

主要原因分析：

用氧气胶管向地沟里吹氧气造成富氧环境，氧气是强氧化剂，抽烟时烟火点燃富氧状态的油蒸气，导致燃烧，这是一起违章作业，违章操作引发了火灾，而且由富氧环境烧伤的伤口不易治好，从而导致工人死亡。

图　5-16

主要预防措施：

严禁利用氧气进行通风换气或吹扫工作服；严禁用压缩氧气作为气动工具的动力源；严禁违章抽烟。

案例8　向正在施焊的容器内吹氧通风换气，起火将焊工烧焦（见图5-17）

事故经过：

某年夏季，某厂1名焊工用低氢型碱性焊条在容器内施焊，容器内烟气弥漫，又闷又热，施焊焊工胸闷咳嗽。在容器外部的焊工为了通风换气，用氧气胶管向容器内吹送氧气。

结果造成容器内突然起火，将容器内焊工活活烧焦致死。

图 5-17

主要原因分析：

用氧气胶管向容器内吹送氧气，导致容器内空间处于富氧状态，氧气是强氧化剂，遇焊接明火，具备了起火条件，火势迅猛，大火将焊工烧死。这是一种无知的违章行为。

主要预防措施：

严禁用氧气向容器内吹扫，以此来进行通风换气。

案例 9　焊接熔渣落于海绵床垫引发大火（见图 5-18）

事故经过：

1993 年 2 月 14 日下午，董某在为一家具部上面加层扩建。施工过程中进行电弧焊时熔渣落在家具部的海绵床垫上，将床垫引燃。起火后，在场的人员均不会使用灭火器，也没有及时报警，使大火很快就窜上了房顶。经随后赶来的消防指战员奋战 3 个多小时，才将大火扑灭。这次特大火灾损失惨重，死亡 80 人，受伤 55 人，直接经济损失 400 万元。

图 5-18

主要原因分析：

这起事故的直接肇事人董某是未经培训和考核的无证操作人员；施焊前对施工现场存有的可燃物海绵床垫，没有采取任何防护措施；起火后现场人员又缺乏必要的灭火安全知识，因此海绵床垫着火后任其燃烧。有关领导、职工安全意识不强并缺乏必要的安全知识，这是造成此次特大事故的主要原因。

主要预防措施：

焊工必须经过培训、考核合格，持证上岗，严禁焊工无证操作；用火必须办理用火手续，采取防火、清除、隔离措施，安排监护人，经批准后方可用火；应开展消防安全知识和技能培训，提高职工消防技术素质。

案例 10　气割工戴着沾有油脂的手套安装氧气瓶减压器造成烧伤

事故经过：

1989 年 7 月 12 日，一气割工戴着手套安装氧气瓶上的减压器，装好后未进行检查。当开启氧气瓶阀时，发现减压器与瓶嘴连接处漏气，他便脱下手套，把手伸到漏气处检查，突然一股火焰喷射出来，使其右手烧伤。幸亏现场另一工人立即将瓶阀关闭，避免了事故的扩大。否则，后果不堪设想。

主要原因分析：

该气割工违反氧气瓶使用操作规程，戴上有油脂的手套去安装减压器，使氧气瓶嘴沾有油脂，且未旋紧减压器螺母，当开启氧气瓶阀时高压氧气喷出，油脂在高压氧的作用下，迅速氧化并进行燃烧，最终酿成事故。

主要预防措施：

严禁用沾有油脂的手套、棉纱和工具等同氧气瓶及其瓶阀、减压器等有关部件接触，氧气瓶减压器螺母必须旋紧。

案例 11 选用脱附罐作为焊机接地极，使罐内活性炭全部烧光（见图 5-19）

事故经过：

某厂焊工将装有两吨多活性炭的脱附罐作为接地极。焊接时由于导线与罐体连接处局部发热，引燃了脱附罐里的活性炭，结果将两吨多活性炭全部烧光。

主要原因分析：

焊接电流产生的电阻热局部加热了脱附罐体，使内部活性炭受热起火。

主要预防措施：

严禁利用可燃易爆气体（如乙炔、氢气等）和易燃易爆液体的容器作为接地极；严禁使用装有可燃固体的容器作为接地极。

图 5-19

任务三 爆炸事故案例分析

案例 1 错用氧气替代压缩空气，引起爆炸（见图 5-20）

事故经过：

某五金商店一焊工在店堂内维修压缩机和冷凝器，在进行最后的气压试验时，因无压缩空气，焊工就用氧气来代替，当试压至 0.98MPa 时，压缩机出现漏气，该焊工立即进补焊。在引弧一瞬间压缩机立即爆炸，店堂炸毁，焊工当场炸死，并造成多人受伤。

主要原因分析：

1）店堂内不可作为焊接场所。

2）补焊前应打开一切孔盖，必须在没有压力的情况下补焊。

3）氧气是助燃物质，不能替代压缩空气。

图 5-20

主要预防措施：

1）店堂内不可作为焊接场所，若急需焊接也应采取切实可行的防护措施，即在动火点 10m 内无任何易燃物品、备有相应的灭火器材等。

2）补焊时应卸压。

3）严禁用氧气替代压缩空气作为试压气。

案例 2 装卸工违章作业，造成氧气瓶爆炸（见图 5-21）

事故经过：

某单位用卡车运回新灌的氧气，装卸工为图方便，把氧气瓶从车上用脚蹬下，第一个气瓶刚落下，第二个气瓶跟着正好砸在上面，立刻引起两个气瓶的爆炸，造成一死一伤。

主要原因分析：

两个气瓶相互碰撞，压缩气体在氧气瓶碰撞时受到猛烈振动，引起压力升高，使气瓶某处产生的压力超过了该瓶壁的强度极限，即引起气瓶爆炸。

主要预防措施：

1）搬运氧气瓶时，要避免碰撞和剧烈振动，要戴好安全帽及防振圈。

2）装卸氧气瓶时严禁滚动。

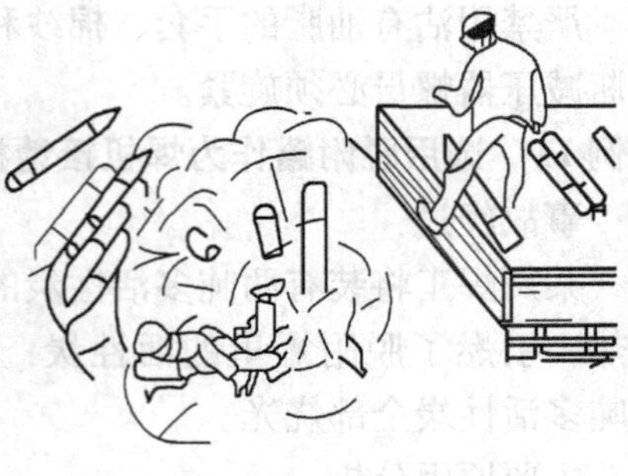

图 5-21

案例3　补焊装酸罐爆炸（见图5-22）

事故经过：

某单位一装运硫酸的罐体底部漏酸，补焊时，将罐底朝上，人孔朝下放在地面上，当焊工起弧时，酸罐即发生爆炸，当场炸伤焊工，并炸死在场工人一名。

主要原因分析：

经过取样分析得知，罐体材料不是耐酸钢，在稀硫酸作用下，罐体材料中的铁与酸可发生如下反应：

$$Fe + H_2SO_4 = FeSO_4 + H_2 \uparrow$$

由上式可知，在酸罐内会充满氢气与空气的混合气体，氢在空气中的含量超过爆炸极限范围，因此显然是焊接火花引燃罐内混合气体发生爆炸。

图 5-22

主要预防措施：

补焊酸、碱罐前，必须先了解罐内情况，然后用（碱）水清洗，待其中的液体或气体排净，并使焊件不呈密闭状态时，才能施焊。盛稀硫酸的罐槽，应用耐酸钢板或衬铅钢板制成。

案例4　补焊柴油柜爆炸（见图5-23）

事故经过：

某拖拉机厂一辆汽车装载的柴油柜，出油管在接近油阀的部位损坏，需要补焊。操作人员将柜内柴油放完之后，未加清洗，只打开人孔盖就进行补焊，立刻爆炸，现场炸死3人。

主要原因分析：

1）油柜中的柴油放完之后，柜壁内表面仍有油膜存留，并向柜内挥发油气，与进入的空气形成爆炸性混合气体，被焊接高温引爆。

2）焊工盲目补焊，酿成事故。

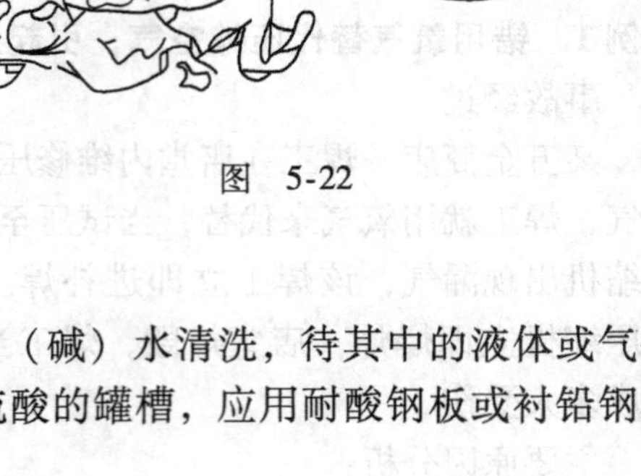

图 5-23

主要预防措施：

1）柴油柜焊接前必须进行置换处理，并达到清洗合格标准后，才能补焊。

2）补焊时应将油柜所有盖和阀门打开，并通压缩空气。

案例5 补焊渗漏的酒精桶爆炸（见图5-24）

事故经过：

某厂制药车间将一个渗漏的酒精桶送到机修组补焊，焊工甲施焊不久，酒精桶爆炸，飞起的桶盖击裂甲的头部，当场死亡。

主要原因分析：

酒精桶施焊前未经任何清洗，桶内还残留有酒精，酒精易挥发，在密闭容器内与空气形成爆炸性混合气体，气焊时引燃而爆炸。

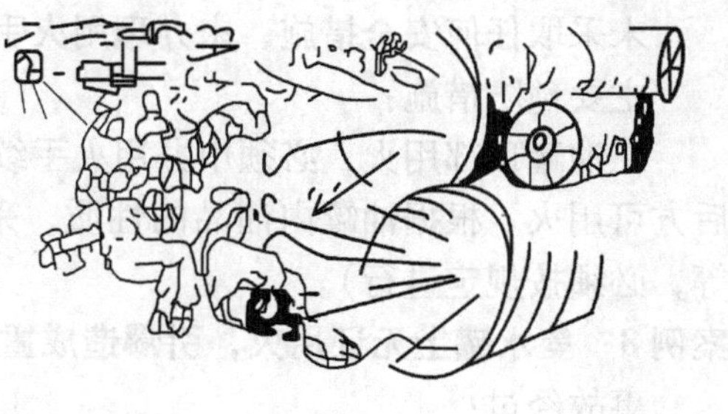
图 5-24

主要预防措施：

1）盛装酒精的容器，焊前必须用清水清洗干净，并敞开桶盖进行焊接。

2）焊工在焊接前，必须弄清容器曾装过何种易燃易爆物品及清洗情况，不要盲目动火补焊。

案例6 补焊空汽油桶爆炸（见图5-25）

事故经过：

某厂汽车队一个有裂缝的空汽油桶需补焊，焊工班提出未采取措施直接补焊有危险，但汽车队说这个空桶是干的，无危险。结果在未采取任何安全措施的情况下，甚至连加油口盖子也没打开，就进行补焊。现场的情况是一位焊工蹲在地上进行气焊，另一位工人用手扶着汽油桶。刚开始焊接时汽油桶就爆炸，两端封头飞出，桶体被炸成一块铁板，正在操作的气焊工被炸死。

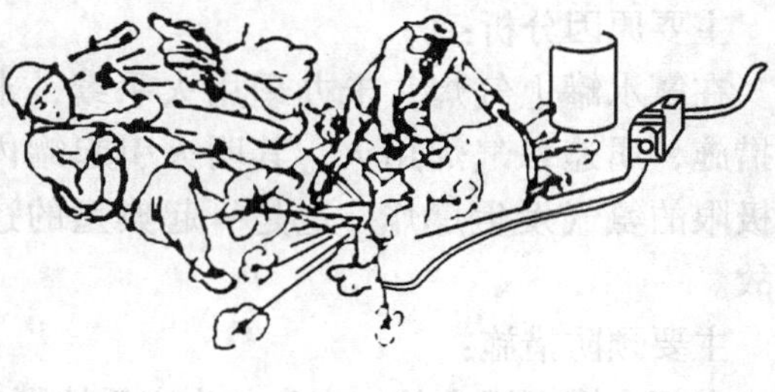
图 5-25

主要原因分析：

车用汽油的爆炸极限为0.89%~5.16%，爆炸下限非常低。因此，尽管空桶是干的，但只要油桶内壁的铁锈表面微孔吸附少量残油，或桶内卷缝里的残油甚至油泥挥发扩散的汽油蒸气，很容易达到和超过爆炸下限，遇焊接火焰或电弧就会发生爆炸，加上能打开的孔洞盖子没有打开，爆炸时威力较大，造成严重后果。

主要预防措施：

1）严禁补焊切割未经安全处理的燃料容器和管道。

2）严禁补焊切割未开孔洞的密封容器。

3）燃料容器的补焊需按规定采取有关安全组织措施。

案例7 油罐顶部盲目用火引起爆炸伤亡10人（见图5-26）

图 5-26

事故经过：

某年1月18日，某化学厂油罐顶部安装蒸汽管道，未采取安全措施，盲目焊接用火，顿时一声巨响，两个相互连通的油罐发生爆炸，现场一片火海，现场设备炸毁，损失惨重。当场炸死4人，大火烧伤6人。

主要原因分析：

未采取任何安全措施，未办理用火手续，实属典型盲目违章用火。

主要预防措施：

在油罐顶部用火，必须申办用火手续，采取严格的安全措施，并逐一加以落实，经批准后方可用火。根据油罐内油品的性质，采取可靠的安全措施（如需要清洗置换、用火分析等，必须按规定进行）。

案例8　氨水罐上无证用火，引爆造成重大伤亡（见图5-27）

事故经过：

某年10月9日，某厂安装一队承担一个项目，需在氨水罐上用火，未办理用火证，也未采取安全措施，爆炸极限的氨气和少量的氢气、稀氨水罐中甲烷气混合，遇到气焊明火使氨水罐发生爆炸。3名检修工和焊工被炸开的直径约为7m的顶盖弹向天空，其中1人头部击在架空的水管道上脑袋炸裂死亡；另外2人被抛到房顶上。

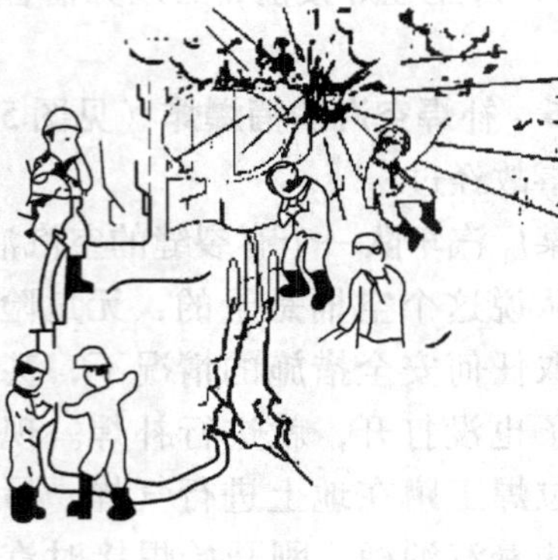

图　5-27

主要原因分析：

在氨水罐上气焊，未办理用火手续，未采取安全措施，属违章气焊用火，其明火引起罐内达到爆炸极限的氨气发生爆炸。这是一起典型的违章用火事故。

主要预防措施：

在氨水罐上用火前，应先与生产系统隔绝，进行清洗置换，用火分析合格，并要办理用火手续，采取可靠的安全措施，经批准，进行监护等方可用火。

案例9　未加盲板引起气体窜流，遇焊接明火减压塔爆炸（见图5-28）

事故经过：

某厂减压装置正在检修，1名焊工在减压塔底部的抽出管上用火，塔内突然爆炸，一股气浪从4、5、6层人孔冲出，有两名工人炸死后被抛到20多米远的加热炉顶上，另有7名工人受伤，炸坏14层塔盘，装置开车推迟10天，伤亡惨重，损失巨大。

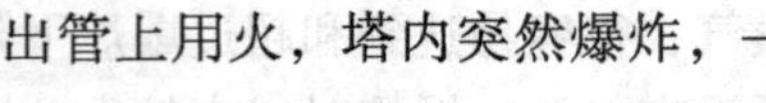

图　5-28

主要原因分析：

这起事故的主要原因是减压炉紧急放空管的一个阀门未加盲板，易爆气体由紧急放空池沿放空管经过炉管后又窜入减压塔内，遇焊接明火后引起爆炸，属违章用火。

主要预防措施：

用火前，用火系统必须与生产系统（有易燃易爆气体）完全隔绝，按规定加上盲板。用火系统必须进行吹扫置换、清洗，经用火分析合格并办理用火证后，方准用火。

案例 10　整理氧乙炔橡胶管时发生爆炸（见图 5-29）

事故经过：

某机械厂 1 名焊工，在工作完毕后整理氧乙炔橡胶管时，乙炔管突然发生猛烈爆炸。该焊工当场被炸死，周围的设备也受到不同程度的损坏。

主要原因分析：

乙炔与铜、银等物质长期接触，会发生化学作用，反应生成乙炔铜和乙炔银，这类物质受到振动、摩擦、高温、冲击等外因作用，就会引起爆炸。

据了解，事故当时既没有听到回火异声，也没有违章操作。在清理爆炸现场时，找到一段被炸裂的纯铜管，这段炸裂的纯铜管被该焊工用作乙炔胶管的连接管。纯铜管使用一段时间后，内壁乙炔铜积聚，焊工在整理氧乙炔胶管时，由于不断拖动，使乙炔管受到振动、摩擦，从而促使乙炔铜发生爆炸。

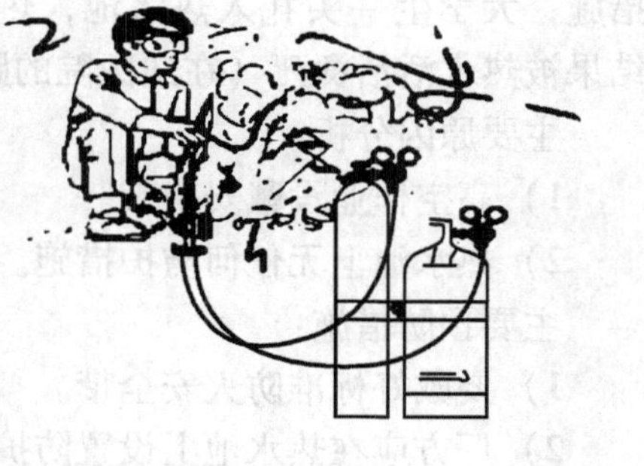

图　5-29

主要预防措施：

不准用纯铜管作为氧乙炔橡胶管的连接管。凡是与乙炔长期接触的铜合金零部件的铜的质量分数不得大于 70%。

案例 11　补焊油管导致发电厂燃油系统炸毁（见图 5-30）

事故经过：

某市热电厂新增两套燃油发电设备，在安装收尾时，油罐里已灌装 1 万多吨油。发现一根油管漏油，经过简单的置换清洗后，即由焊工补焊。焊工刚引弧，油管即发生爆炸，整个燃油系统被炸毁，1 万多吨油全部烧光，事故现场方圆 200m 之内一片火海，大火烧了 20 多个小时。该事故造成 7 人死亡，23 人受伤，损失 123 万元。

主要原因分析：

由于对漏油管道的置换和清洗不彻底，在管道内仍存在着爆炸性混合物，遇焊接明火而爆炸。未进行用火分析，违反用火安全管理规定是这起事故的主要原因。

图　5-30

主要预防措施：

燃料容器和管道的补焊必须彻底进行置换和清洗，且必须进行用火分析，检测合格并办理用火证后方准补焊用火。

任务四　特殊作业环境条件下的事故案例分析

案例 1　登高作业发生坠落（见图 5-31）

事故经过：

某一冬天，某集装箱有限公司刚从学校毕业不到半年的一位大学生正在车间实习。他没戴标准防火安全带，约在 2 ~ 3 层楼高度位置维修设备。结果一不小心，一脚踩空从高空坠落下来，正好他的工作位置下方是一个热水池，池上又无任何防护措施，大学生一头扎入热水池，热水灌进他的颈部，结果被热水活活烫死（在送医院的路上身亡）。

图 5-31

主要原因分析：

1）高空作业没戴安全带。

2）热水池上无任何防护措施。

主要预防措施：

1）要戴好标准防火安全带。

2）厂方应在热水池上设置防护盖或铁网等。

案例 2　高空焊接作业坠落（见图 5-32）

事故经过：

某年 11 月 10 日 15 时 30 分，某单位基建科副科长甲未用安全带，也未采取其他安全措施便攀上屋架，替换焊工乙焊接车间屋架角钢与钢筋支撑。工作 1h 后，辅助工丙下去取角钢料，由于无助手，甲便左手扶持待焊的钢筋，右手拿着焊钳，闭着眼睛操作。甲先把一端点固，然后左手把着已点固的一端的钢筋探身向前去焊另一端。甲刚一闭眼，左手把着的钢筋支点点固不牢，支持不住人体重量，突然脱焊，甲与钢筋一起从 12.4m 的屋架上跌落下来，当即死亡。

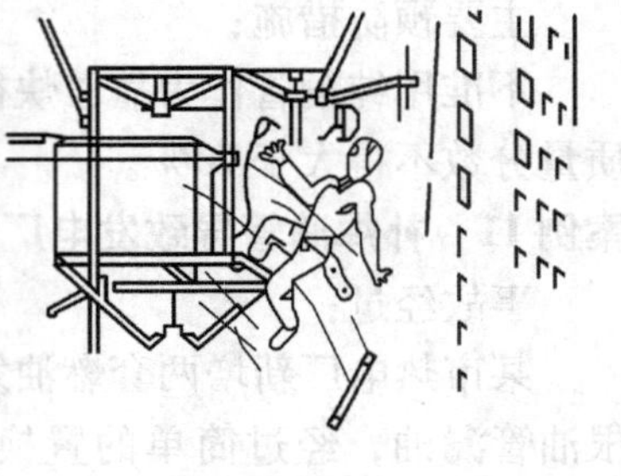

图 5-32

主要原因分析：

1）基建科副科长不是专业焊工。

2）事故发生时无监护人。

3）登高作业者未用安全带，也无其他安全设施。

主要预防措施：

1）非专业焊工不能从事焊割作业。

2）登高作业要设监护人。

3）登高作业一定要用标准的防火安全带，架设安全网等安全设施，违章指挥。

案例 3　电阻焊时发生机械伤害（见图 5-33）

事故经过：

某厂工具车间一名工人带领徒工使用对焊机焊接刀具。师傅在往电极夹钳上装卡焊件、找正位置时，口头指挥徒工支垫工件尾部。当气动的夹钳上臂压下时，徒工尚未抽出的右手食指被挤于工件尾部和垫铁之间，造成食指末端破裂及开放性骨折。

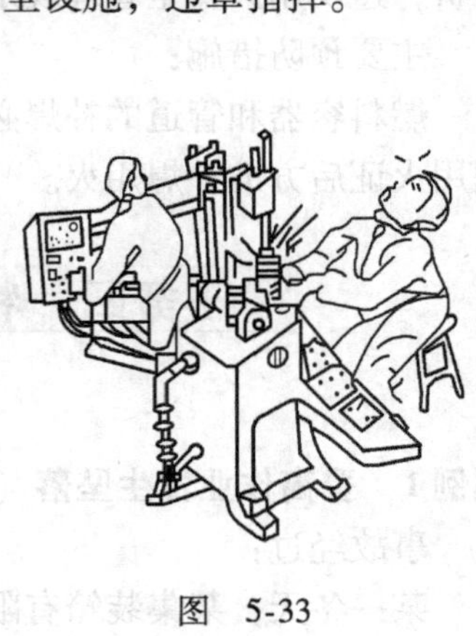

图 5-33

主要原因分析：

1）两人协同工作中配合失调，师傅在起动电极夹钳下压时，没有提醒徒工注意，也没有得到徒工应诺。

2）徒工在支垫工件时，手持垫铁的方式不正确，不应用手指上下握持垫铁。

主要预防措施：

1）两人协作要密切配合，事先约定口语联系的方式，得到信号后再操作设备。

2）应制作专用工具夹持垫铁，避免手指介入夹钳钳口。

3）改进焊机夹具的工艺性能，使之可偏转角度，并能做上、下及水平方向移动。

4）加强安全技术学习，提高安全生产技能。

案例 4　等离子弧焊健康危害事故（见图 5-34）

事故经过：

某厂两名焊工在等离子弧焊接作业中，一名焊工突然流鼻血，另一名焊工近来嗓子不舒服。经医生检查后，发现两名焊工血液中的白细胞大量减少，已低于健康标准。原来，这两名焊工已连续从事等离子弧焊达 6 个月，作业场所狭窄，且无抽烟吸尘装置。两名焊工早就觉得精神倦怠、胸闷、咳嗽、头痛脑涨，但却不知其病因。

图　5-34

主要原因分析：

1）等离子弧焊接过程中伴随有大量气化的金属蒸气、臭氧、氮氧化物等，这些烟气和灰尘对操作工人的呼吸道、肺等产生严重影响。

2）工人对这种新工艺产生的危害性及如何防护缺乏了解，未使用适当的个人防护用品。

主要预防措施：

1）企业的技术工艺部门在采用这种工艺时，应同时制订劳动卫生保护措施。

2）企业的安全、生产部门对实施这种工艺应安排恰当的场所，配置抽烟吸尘装置，降低有害气体、烟尘的浓度，使之符合国家劳动卫生标准。

3）操作者要重视个人防护用品的使用。

案例 5　焊工沿竹梯攀登时坠落造成重伤（见图 5-35）

事故经过：

某装潢公司装修一商店门面时，一焊工左手拿面罩和焊条，右手拿焊钳沿竹扶梯往上攀登至约 3m 处，正准备用焊钳夹焊条的瞬间，脚下一滑，后仰而跌下，造成手和腰多处骨折而受重伤。

主要原因分析：

焊工沿竹梯登至 3m 处作业，属高处作业，没有采取防坠落安全措施是发生事故的主要原因。

主要预防措施：

登高 2m 以上必须要有安全防护措施，比如搭脚手架、系安全带、加安全网等。

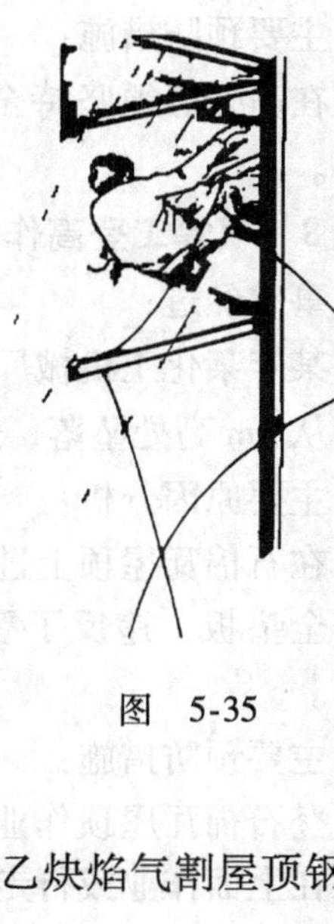

图　5-35

案例 6　安全带低挂高用高处坠落，身受重伤（见图 5-36）

事故经过：

某施工单位在拆除郊区某厂一钢结构车间时，一气割工登高用氧乙炔焰气割屋顶钢架，当割完第二根槽钢时，这根下落的槽钢打击下一层钢梁而引起振动，该气割工也被振落，虽系了安全带，但因空中坠落距离过大而受重伤。

图　5-36

主要原因分析：

该气割工没有遵守高处作业中安全带高挂低用的安全要求，在高处作业时，安全带应扣牢在作业点上方，而该工人为下行方便而把安全带扣在作业点下方，事故发生后，虽然戴了安全带因空中坠落距离过大而受重伤。

主要预防措施：

登高作业必须佩戴安全带，架设安全网，安全带要高挂低用，不准低挂高用。拆除工程，预先要编制拆除安全技术方案，实现顺利安全拆除。

案例 7　解开安全带，在外轮上进行焊接不慎坠落船舱死亡（见图 5-37）

事故经过：

南通 29 岁的民工师某随南通某工程队去某船厂码头打工。1998 年 5 月下旬某日早上，师某和同事们一起登上挪威籍“布林士”轮进行高处焊接作业，按要求系挂了安全带。因操作中需要在脚手架上来回走动，便中途解开了安全带，继续施焊，不慎从 13m 高处坠落船舱死亡。

图　5-37

主要原因分析：

开始时，焊工挂了安全带，因为要在脚手架上来回走动，中途解开了安全带，后因未挂上安全带，致使其在高处焊接时没有安全带保护，不慎坠落死亡，属于违章施焊。

主要预防措施：

在高处必须坚持全程系安全带施焊。不宜使用安全带时必须在施焊区域下方架设安全网。

案例 8　气焊工登高作业，踩破石棉瓦坠落受伤（见图 5-38）

事故经过：

某年某化工机械厂行政科女气焊工王某在石棉瓦屋顶上进行气焊作业时，踩破屋顶石棉瓦，从 3m 高处坠落，造成重伤。

图　5-38

主要原因分析：

在石棉瓦屋顶上进行气焊作业，没有在石棉瓦屋顶上铺安全垫板，违反了登石棉瓦屋顶的安全规定，属违章作业。

主要预防措施：

登石棉瓦屋顶作业或行走必须铺设牢固的安全垫板，确保在上面作业或行走时的安全。

案例 9　在半封闭容器内施焊，导致“焊工金属热”（见图 5-39）

事故经过：

1982 年 6 月 2 日上午 9 时左右，某厂容器车间焊工在 ϕ900mm × 2470mm 半封闭筒体内用低氢型碱性焊条施焊，作业中无通风排毒措施，女焊工因焊接烟尘中毒晕倒，继而出现发低烧、寒冷、恶心和口内出现金属味等症状。

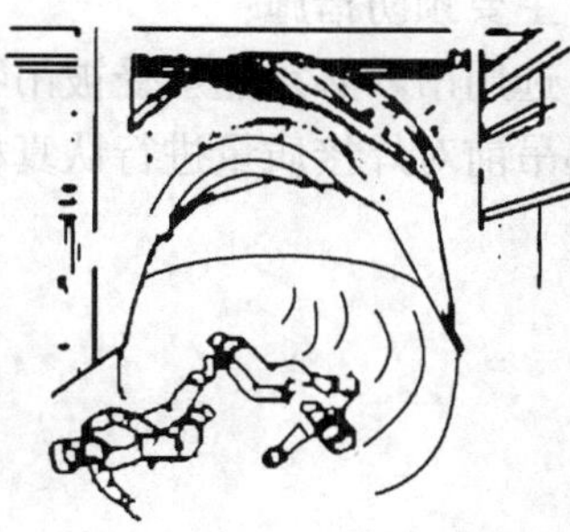

图　5-39

主要原因分析：

用低氢型碱性焊条在半封闭容器内施焊且又无通风排毒措施是引起焊工中毒的主要原因。焊工体质较弱也是原因之一。

主要预防措施：

在半封闭容器内施焊必须采取通风排毒措施。焊工应在上风向作业。有条件时要采用轮换作业。焊工身体不适，不宜进入半封闭容器内用低氢型碱性焊条施焊。

案例 10　焊工与焊车从平台上倒下，焊工受伤（见图 5-40）

事故经过：

某金属结构厂一名埋弧焊焊工使用 MZ—1000 型自动焊机焊接钢柱，当焊完一面焊缝后，需将焊件翻身。为了让出位置，焊工便提起自动焊车往墙边挪动，当移到焊接平台边缘时，不慎被焊接电缆绊住脚，连人带焊车从 0.6m 高的平台跌下，造成左脚背被焊车压伤、腰部扭伤事故。

图　5-40

主要原因分析：

经调查，该焊车重约 50kg，且拖连着电缆，单人移动焊车确有困难，造成这种无人协助的原因是劳动组织不合理。该车间生产现场较混乱，多种电缆、气体软管常有绞在一起的现象，焊工被绊倒，是不重视文明生产的结果。

主要预防措施：

加强生产管理人员的安全法制教育，提高思想认识，合理组织生产劳动，重视工人在劳动中的安全健康。促进现场文明生产，做到产品、设备、工具摆放整洁，电缆、管线等不乱拉，不乱扭。

案例 11　吊攀焊接不牢脱落，导致起重工受伤（见图 5-41）

事故经过：

1992 年某结构厂焊接一大型构件，需翻身后再行施焊，当起吊翻身至一半时，吊攀脱落，构件坠落，幸好下面无人，只有一位起重工在躲避时，跌倒致脚部受伤，但构件损坏。

图　5-41

主要原因分析：

经分析，该焊工不懂翻身吊攀的焊接要求，近 12t 重的构件，焊脚仅 4mm，吊攀没有焊牢。因而翻到一半，吊攀首先在未包角处被拉裂，又因焊脚太低，最终吊攀断裂导致构件坠落。起重工在挂钢丝绳时没有检查吊攀是否牢靠，也是导致事故产生的原因之一。

主要预防措施：

选用吊攀必须能承受被吊物的重量，焊脚必须焊满焊牢，不留任何焊接缺陷。起重工应在起吊前对焊接质量进行认真检查。

课题六　电气安全

任务一　触电危害

技能点

- 防电击和电伤

知识点

- 电流灼伤造成的伤害

安全要点

- 单相触电、两相触电、跨步电压触电

一、任务分析

重点了解触电事故种类和触电方式等。触电事故可分为电击和电伤。其中，电击是电流对人体内部组织的伤害，是最危险的一种伤害。

二、相关专业知识

众所周知，触电事故是由电流形式的能量造成的事故（见图6-1）。

其构成方式和伤害方式有很多不同之处，总体上可分为两类触电事故、三种触电方式。

（一）触电事故种类

按照触电事故的构成方式，触电事故可分为电击和电伤。

1. 电击

电击是电流对人体内部组织的伤害，是最危险的一种伤害，绝大多数（大约85%以上）的触电死亡事故都是由电击造成的。

电击的主要特征有：

1）神经系统受到刺激，如图6-2所示。

2）伤害人体内部，如图6-3所示。

3）在人体的外表没有显著的痕迹。

按照发生电击时电气设备的状态，电击可分为直接接触电击和间接接触电击：

1）直接接触电击：直接接触电击是触及设备和线路正常运行时的带电体发生的电击（如误触接线端子发生的电击），如图6-4所示。

2）间接接触电击：间接接触电击是触及正常状态下不带电，而当设备或线路故障时意外带电的导体发生的电击，如图6-5所示。

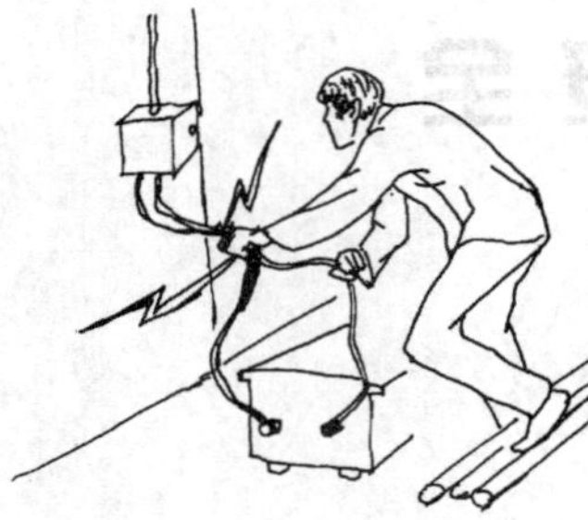

图 6-1　触电

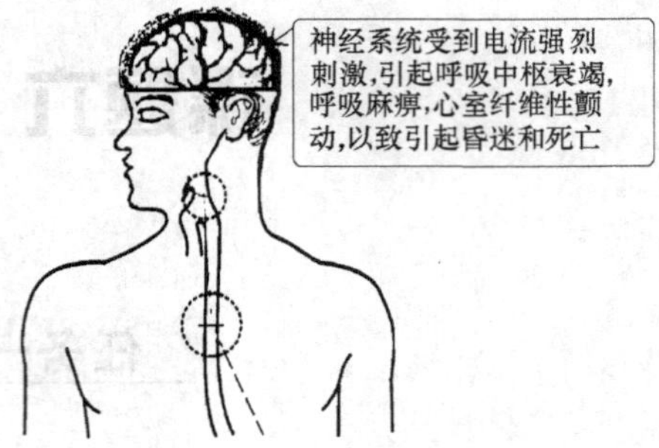

图 6-2　神经系统受到刺激

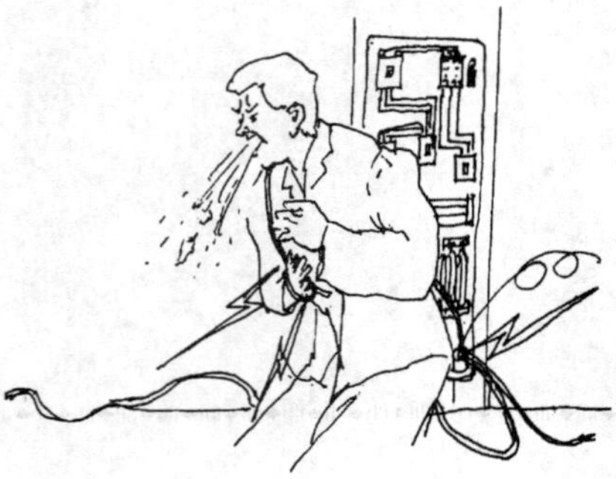

图 6-3　电击伤害人体内部

图 6-4　直接接触电击

图 6-5　间接接触电击

2. 电伤

电伤是由电流的热效应、化学效应、机械效应等效应对人造成的伤害，如图 6-6 所示。

1）电弧烧伤是由弧光放电造成的伤害，是带电体与人体之间发生电弧，有电流流过人体的烧伤，包含熔化了的炽热金属溅出造成的烫伤，如图 6-7 所示。

2）电弧温度高达 8000℃以上，可造成大面积、大深度的烧伤，甚至烧焦、烧掉四肢及其他部位，如图 6-8 所示。

3）大电流通过人体，也可能烘干、烧焦机体组织。电烙印是在人体与带电体接触的部位留下的永久性斑痕。斑痕处皮肤失去原有弹性、色泽，表皮坏死，失去知觉，如图 6-9 所示。

图 6-6　电伤

图 6-7　电弧烧伤

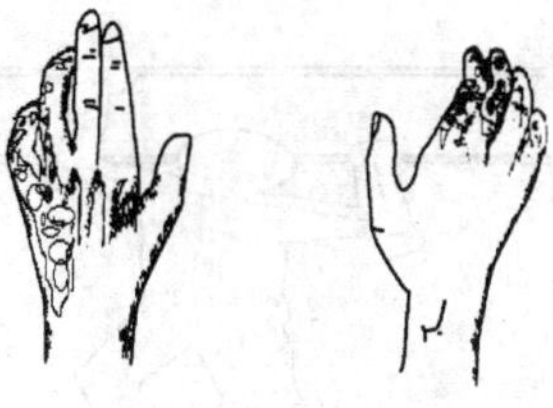

图 6-8　手部烧伤

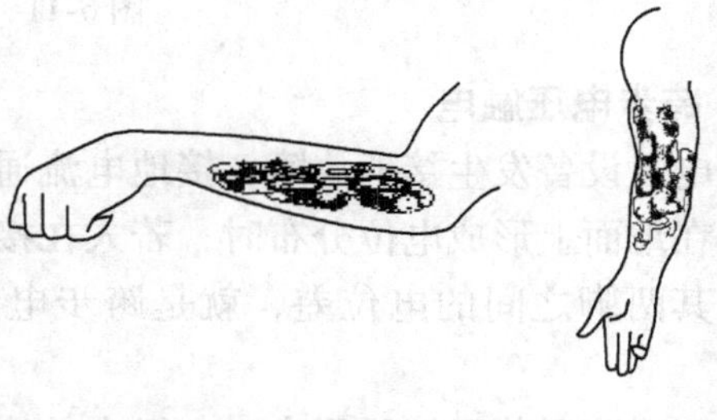

图 6-9　手臂电烙印

4）机械性损伤是电流作用于人体时，由于中枢神经反射和肌肉强烈收缩等作用导致的机体组织断裂、骨折等伤害。

5）电光眼是发生弧光放电时，由红外线、可见光、紫外线对眼睛造成的伤害。

（二）触电事故方式

按照人体触及带电体的方式和电流流过人体的途径，电击可分为单相触电，两相触电和跨步电压触电。

1. 单相触电

当人体直接碰触带电设备其中的一相时，电流通过人体流入大地，这种触电现象称为单相触电，如图 6-10 所示。

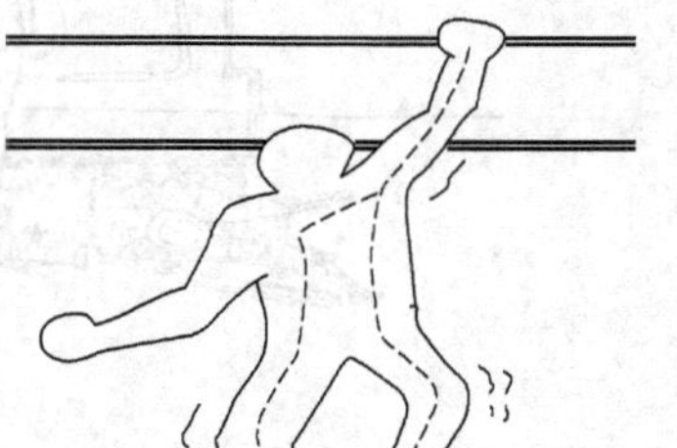

图 6-10　单相触电

若人体电阻按照 1000Ω 计算，则在 220 V 中性点接地的电网中发生单相触电时，流过人体的电流将达 220mA，已大大超过人体的承受能力；即使在 110 V 系统中触电，通过人体的电流也达 110mA，仍可能危及生命，如图 6-11 所示。

单相触电是危险的。如高压架空线断线，人体碰及断落的导线往往会导致触电事故。此外，在高压线路周围施工，未采取安全措施，碰及高压导线触电的事故也时有发生。

2. 两相触电

人体同时接触带电设备或线路中的两相导体，或在高压系统中，人体同时接近不同相的两相带电导体，而发生电弧放电，电流从一相导体通过人体流入另一相导体，构成一个闭合回路，这种触电方式称为两相触电，如图 6-12 所示。

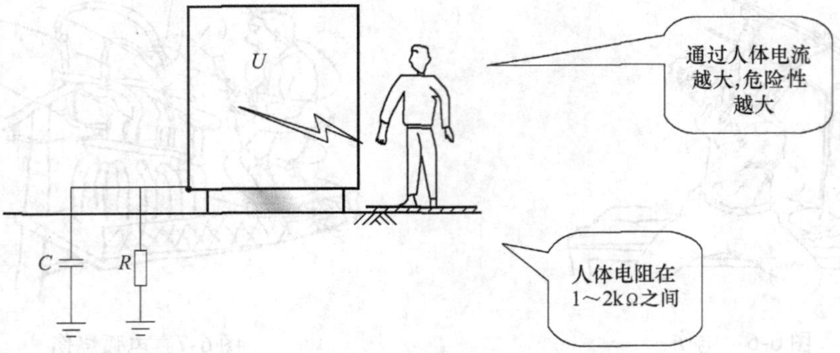

图 6-11　电流通过人体

3. 跨步电压触电

当电气设备发生接地故障，接地电流通过接地体流向大地。在地面上形成电位分布时，若人在接地短路点周围行走，其两脚之间的电位差，就是跨步电压，如图 6-13 所示。

图 6-12　两相触电

雷雨天防雷装置接受雷击时，极大的流散电流在其接地装置附近地面各点产生的电位差会造成跨步电压电击，如图 6-14 所示；高大设施或高大树木遭受雷击时，极大的流散电流在附近地面各点产生的电位差也会造成跨步电压电击，如图 6-15 所示。

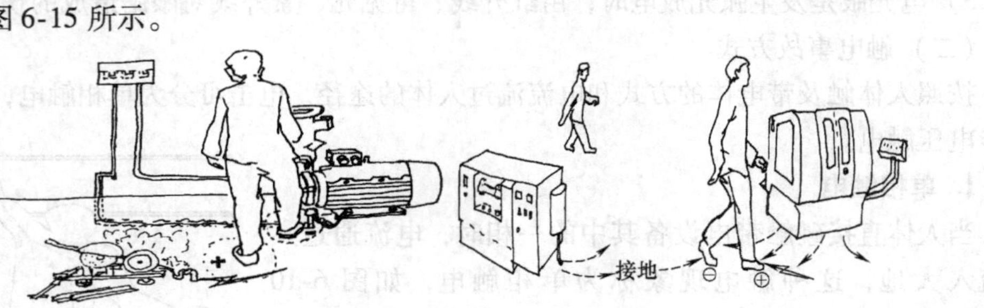

图 6-13　跨步电压触电

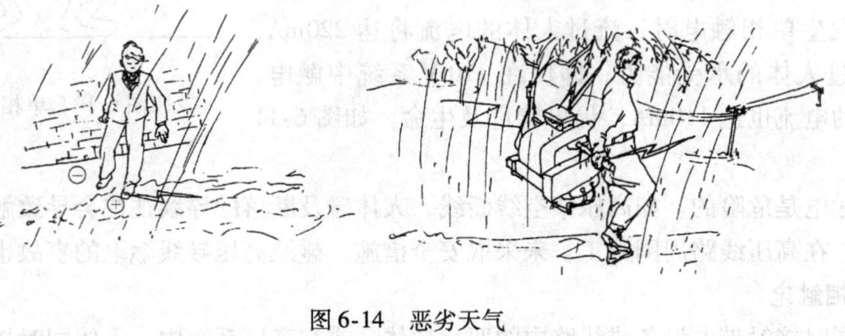

图 6-14　恶劣天气

跨步电压的大小受接地电流的大小、鞋和地面特征、两脚之间的跨距、两脚的方位以及离接地点的远近等很多因素的影响。人两脚之间的跨距一般按 0.8m 考虑。

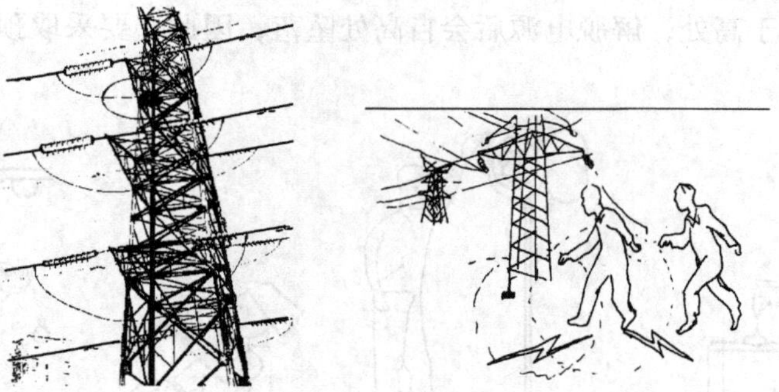

图 6-15　跨步电压电击

由于跨步电压受很多因素的影响以及地面电位分布的复杂性，几个人在同一地带（如同一棵大树下或同一故障接地点附近）遭到跨步电压电击完全可能出现截然不同的后果。

任务二　触电救护

技能点

- 脱离电源、伤员脱离电源后的处理

知识点

- 脱离电源的几种方法

安全要点

- 伤员的应急处置、抢救过程中的再判定

一、任务分析

触电急救的各种方式、伤员脱离电源后的抢救方法。

二、相关专业知识

触电急救必须分秒必争，立即就地迅速用心肺复苏法进行抢救，同时及早与医疗部门联系，争取医务人员接替救治。在医务人员未接替救治前，不应放弃现场抢救，除非医生出示伤员死亡的诊断。

（一）脱离电源

触电急救，首先要使触电者迅速脱离电源，越快越好。因为电流作用的时间越长，伤害越重。

1）脱离电源就是要把触电者接触的那一部分带电设备的开关、刀闸或其他断路设备断开，如图 6-16 所示。

2）触电者未脱离电源前，救护人员不准直接用手触及伤员，因为有触电的危险。

3）若触电者处于高处，解脱电源后会自高处坠落，因此，要采取预防措施，如图 6-17 所示。

图 6-16　拉闸断电

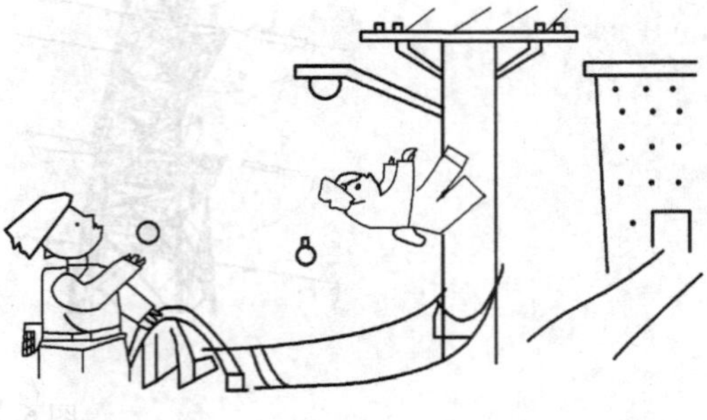

图 6-17　高处坠落

4）触电者触及低压带电设备（见图 6-18），救护人员应设法迅速切断电源，或使用绝缘工具、干燥的木棒、木板、绳索等不导电的东西解脱触电者。

5）如果电流通过触电者入地，并且触电者紧握电线，可设法用干木板塞到身下，与地隔离（见图 6-19），也可用干木把斧子或有绝缘柄的钳子等将电线剪断。剪断电线要分相，一根一根地剪断，并尽可能站在绝缘物体或干木板上。

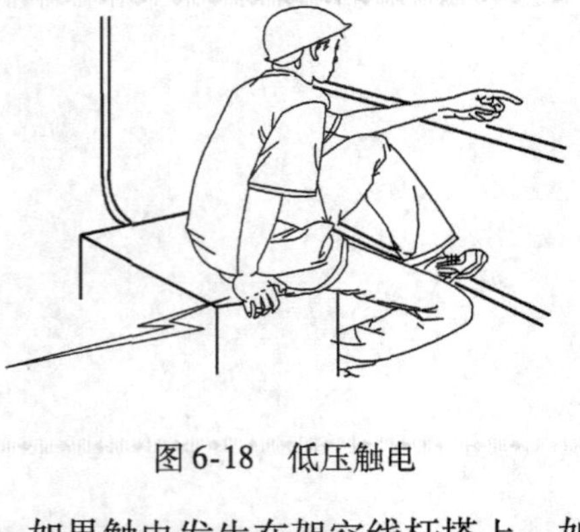

图 6-18　低压触电

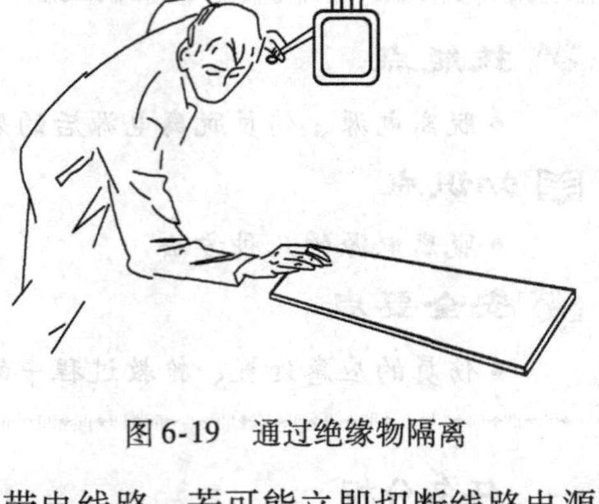

图 6-19　通过绝缘物隔离

6）如果触电发生在架空线杆塔上，如系低压带电线路，若可能立即切断线路电源的，应迅速切断电源，或者由救护人员迅速登杆，系好自己的安全皮带后，用带绝缘胶柄的适当长度的木杆，使电源开关跳闸。

7）如果触电者触及断落在地上的带电高压导线，且尚未确证线路无电，救护人员在未做好安全措施（如穿绝缘靴或临时双脚并紧跳跃地接近触电者）前，不能接近断线点 8 ~ 10m 范围内，防止跨步电压伤人，如图 6-20 所示。

8）救护触电伤员切除电源时，应考虑事故照明、应急灯等临时照明。

（二）伤员脱离电源后的处理

1. 伤员的应急处置

触电伤员如神志清醒者，应使其就地躺平，严密观察，暂时不要站立或走动。

触电伤员如神志不清者，应就地仰面躺平，且确保气道通畅，并用 5s 时间，呼叫伤员或轻拍其肩部，以判定伤员是否意识丧失。

2. 呼吸、心跳情况的判定

触电伤员若意识丧失，应在 10s 内，用看、听、试的方法判定伤员呼吸心跳情况。

图 6-20 跨步电压伤人

看——看伤员的胸部、腹部有无起伏动作；听——用耳贴近伤员的口鼻处，听有无呼气声音；试——试测口鼻有无呼气的气流。再用两手指轻试一侧（左或右）喉结旁凹陷处的颈动脉有无搏动。若看、听、试结果，既无呼吸又无颈动脉搏动，可判定呼吸心跳停止，如图 6-21 所示。

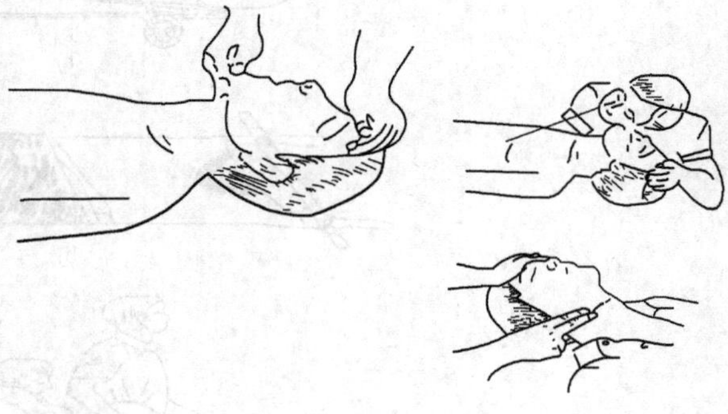

图 6-21 呼吸、心跳情况的判定

（三）心肺复苏法

心肺复苏法包括口对口（鼻）人工呼吸、胸外按压（人工循环）等，正确进行就地抢救。

1. 通畅气道（见图 6-22）

严禁用枕头或其他物品垫在伤员头下，使头部抬高前倾（仰头抬颏法气道状况：气道通畅和气道阻塞）。

2. 口对口（鼻）人工呼吸（见图 6-23）

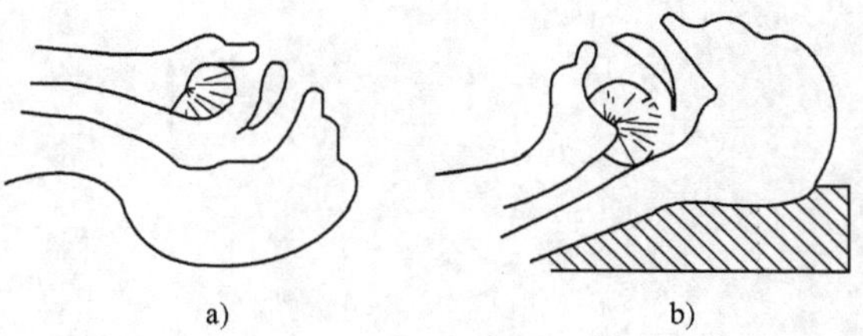

a) b)

图 6-22 通畅气道

a）气道通畅 b）气道阻塞

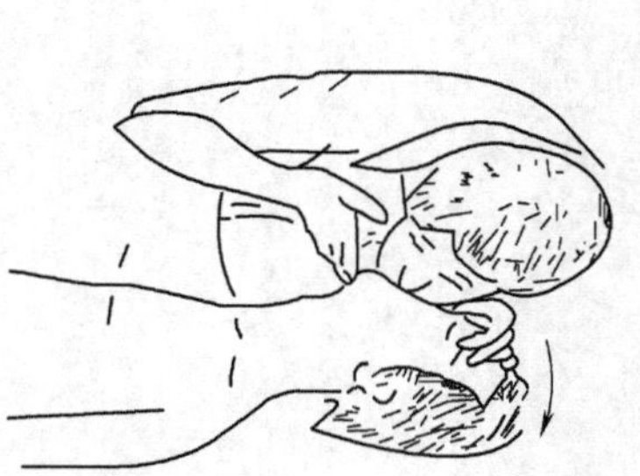

图 6-23 人工呼吸

3. 胸外按压

1）正确的按压位置是保证胸外按压效果的重要前提。确定正确按压位置的步骤为：右手的食指和中指沿触电伤员的右侧肋弓下缘向上，找到肋骨和胸骨接合处的中点；两手指并齐，中指放在切迹中点（剑突底部），食指平放在胸骨下部；另一只手的掌根紧挨食指上缘，置于胸骨上，即为正确按压位置，如图6-24所示。

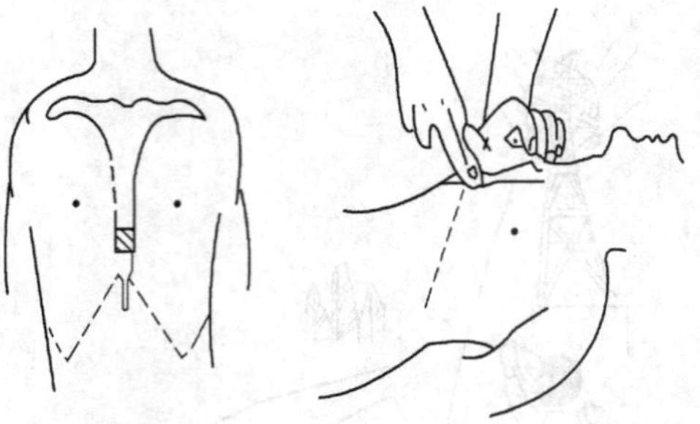

图6-24　胸外按压

2）正确的按压姿势是达到胸外按压效果的基本保证。

3）操作频率：胸外按压要以均匀的速度进行，每分钟80次左右，每次按压和放松的时间相等。

（四）抢救过程中伤员的移动、转院与伤员好转后的处理

1）心肺复苏应在现场就地坚持进行，不要为方便而随意移动伤员。

2）移动伤员或将伤员送医院时，应使伤员平躺在担架上搬运伤员，如图6-25所示。

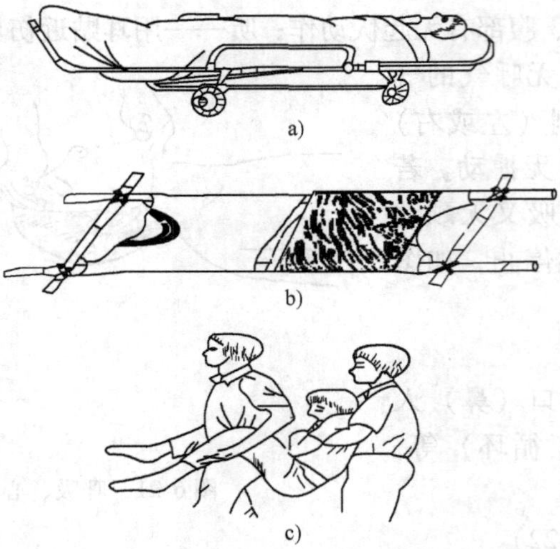

a)　b)　c)

图6-25　搬运伤员

a）正常担架　b）临时担架及木板　c）错误搬运

金属焊接与切割作业安全技术考核复习题及答案

金属焊接与切割作业安全技术考核复习题

一、判断题

1. 未取得安全培训合格证的人员不得从事特种作业。（　）

2. 开启氧气瓶阀门时，应快速开启，动作迅速，并且人站在瓶嘴侧面。（　）

3. 用置换法焊补燃料容器时，常用的置换介质有氢气、二氧化碳、水蒸气或水等。（　）

4. 电压在36V以下时，对人体不会有严重危险，因此，在一般情况下把36V定为安全电压。（　）

5. 焊接燃料容器前，一般用氢氧化钠（火碱）水溶液清洗，方法是：先把火碱片投入容器内，然后，加足所需要的清水，待碱片全部溶解后，才能通入蒸汽煮沸。（　）

6. 登高作业时，操作者穿不穿绝缘鞋，戴不戴安全帽都无关紧要，但必须使用标准的安全带，必须设监护人。（　）

7. 气焊黄铜时，为了防止锌元素蒸发，可以使用轻微的氧化焰。（　）

8. 不了解被焊割物体内部是否安全，不能盲目焊割。（　）

9. 一般在动火、动焊前采用“一嗅”、“二看”、“三测爆”的检查方法，这虽然不是最完善的检测方法，但比起盲目动火、动焊，安全性更好些。（　）

10. 为确保焊工安全。焊接作业时，必须穿胶鞋。（　）

11. 低氢型碱性焊条，焊缝抗裂性能好，烟尘毒性小，所以施工作业时，尽量选用此类焊条。（　）

12. 冬季使用气瓶时，若有瓶阀和减压器冻结，应用热水或水蒸气解冻。（　）

13. 弧焊焊机的空载电压限制在90V以下。（　）

14. 乙炔气瓶无论使用或存放都应保持直立，不准卧放。（　）

15. 氧气胶管和乙炔胶管可互换使用。（　）

16. 电焊弧光辐射主要包括红外线和紫外线，不包括可见光线。（　）

17. 气流对电弧稳定性影响很大，因此在风大时，一般都要求采取措施加以遮挡或停止焊接。（　）

18. 通过人体的电流越大，引起心室颤动所需的时间越短，致命危险越大。（　）

19. 为了确保安全，使用满三年的氧气瓶，必须检查一次，并标明下次检查时间。（　）

20. 为防止焊工触电，工作灯电压必须在60V以下。（　）
21. 气焊铸铁时，为了防止碳元素蒸发，可以使用碳化焰。（　）
22. 不了解被焊割物体内部是否安全，不能盲目焊割。（　）
23. 与乙炔气长期接触的含铜零件，其铜的质量分数不得超过70%。（　）
24. 焊工无特种作业人员操作证，但有正式焊工在现场指导，也可以从事焊接操作。（　）
25. 等离子弧的空载电压一般在150V以上，甚至达400V，应采取安全措施，防止触电。（　）
26. 安全生产法规定了从业人员的五项权利，却只有四项义务，因此说权利与义务是不对等的。（　）
27. 在禁火区、易燃车间、管道及其周围动火称为一级动火。（　）
28. 推拉电源开关时，应面对开关。（　）
29. 乙炔与铜、银、水银等金属或盐类长期接触时，会生成乙炔铜或乙炔银等爆炸性混合物，当受到摩擦或冲击时就会发生爆炸。（　）
30. 焊机的二次接线柱，不能松动，以防产生电阻热，将焊机绝缘烧坏。（　）
31. 护目玻璃，又称黑玻璃，其作用是减低弧光强度、过滤红外线、紫外线和可见光线，保护焊工眼睛不被弧光灼伤。（　）
32. 焊工在距离地面2m以上的地点操作，称为登高作业。（　）
33. 乙炔气瓶在使用、运输和储存时，环境温度一般不得超过40℃，超过时，应采取有效的降温措施。（　）
34. 乙炔站内应设置干粉灭火器、二氧化碳灭火器及干砂等消防器材。（　）
35. 碱性低氢型焊条焊成的焊缝，其含氢量低的原因之一是药皮中的氟石（CaF_2）有去氢作用。（　）
36. 为了减轻焊工的劳动强度，焊钳越小、越轻、越好。（　）
37. 不锈钢焊条只强调铬、镍元素的含量，而不考虑含碳量的多少。（　）
38. 焊条的药皮中既有造气剂，又有造渣剂，所以焊条电弧焊属于气-渣联合保护。（　）
39. 在焊接缺陷中，咬边和未焊透都无关紧要，只要能打住压，就是合格焊缝。（　）
40. 型号为AX—320的焊接设备是弧焊整流器。（　）
41. 焊工长期接触金属烟尘，如果防护不良，则有造成焊工尘肺、金属热和锰中毒的危险。（　）
42. 臭氧、氮氧化物、氟化物和一氧化碳都是有毒气体，焊接中要注意防护，防止中毒。（　）
43. 焊缝中容易产生氢气孔、氮气孔和一氧化碳气孔。（　）
44. 噪声超标，对人体会造成伤害，噪声的频率越高，强度越大，对人体的伤害也越大。（　）
45. 焊缝咬边深度不超过1mm时，对焊缝质量不会造成影响。（　）
46. 常用的50~60Hz的工频交流电，对人体的伤害虽然不大，但也不可忽视。（　）
47. 登高作业时，操作者穿不穿绝缘鞋，戴不戴安全帽都无关紧要，但必须使用标准的

安全带，必须设监护人。 （ ）

48. 氢是焊接接头中产生气孔和热裂纹的主要因素。 （ ）

49. 适当增加焊接材料的氧化性（CO_2）也有较好的去氢作用，所以，CO_2 气体保护焊，就具有较高的抗氢气孔的能力。 （ ）

50. 气割是金属在纯氧中燃烧的过程。 （ ）

51. 焊条电弧焊可以焊接不规则的焊缝，具有操作方便对焊接区的焊接性好等特点。 （ ）

52. 钎焊在焊接过程中母材不熔化。 （ ）

53. 氧乙炔焰温度可达3000～3300℃。 （ ）

54. 乙炔管接头的铜、银的质量分数应大于70%。 （ ）

55. 开启气瓶时，操作者不能站在瓶阀出气口前面，以防高压气体突然冲出伤人。 （ ）

56. 保障检修人员人身安全有效的措施是悬挂标示牌，设置遮拦。 （ ）

57. 电弧焊是利用电弧作为热源的焊接。 （ ）

58. 在金属容器内作业，外面不用设人员监护。 （ ）

59. 我国焊条电弧焊的额定暂载率通常为60%。 （ ）

60. 焊机接地回线可用厂房的管道或金属结构代替。 （ ）

61. 清除焊渣时，不要防护。 （ ）

62. 几台设备的接零线或接地线，可以串联接入干线或接地体。 （ ）

63. 人体的电阻是固定不变的。 （ ）

64. 容器内焊接照明手提行灯要带护罩，要在12V安全电压内进行。 （ ）

65. 容器若采用气焊，点火和熄火应在容器内进行。 （ ）

66. 为了节约气瓶内的气体一定要用尽。 （ ）

67. 高空作业为了安全把电线或橡皮管缠在身上。 （ ）

68. 焊接电弧具有低电压大电流的特点。 （ ）

69. 密封的容器可以焊接作业。 （ ）

70. 设备内部通风可用氧气作气源。 （ ）

71. 物体的自燃点越低，发生火灾的危险性越小。 （ ）

72. 瓶阀冻结，用温水解冻。 （ ）

73. 焊工在焊接过程中是经常处于带电作业状态。 （ ）

74. 乙炔气瓶口着火时，立即关闭瓶阀。 （ ）

75. 圆滑过渡的对接接头，是防止脆断的最好接头形式。 （ ）

76. 为了提高始焊温度，降低焊缝冷却速度，防止淬硬，不管什么材料，热输入总是大点好。 （ ）

77. 碳当量的数值越大，表示该种材料的焊接性越好。 （ ）

78. 火焰钎焊时，只是钎料熔化，而母材并不熔化，接头表面光滑，气密性好，工件受热不高，变形小，广泛用在汽车业。 （ ）

79. 焊工在接焊机一次电源线时，线长一定控制在3m以内。 （ ）

80. 特种作业是对操作者本人及周围人员和设施的安全有重大危险的作业。 （ ）

二、填空题

1. 电气焊工在进行焊接作业时，如果不严格遵守操作规程，很容易造成________、________、________、________和________等人身伤害和事故。

2. 往氧气瓶上拧装减压器之前，应先关闭减压器的阀门并________，而氧气瓶的开关要________，然后再开启减压器。

3. 触电事故可分为________和________两种。电流通过人体的________、________、________这一途径最危险。

4. 氧气瓶体为________色，并用________标明________二字，用以区别其他气瓶。

5. 气焊、气割所用的气体分为两大类：一是助燃气体，均采用________；二是可燃气体，有________、________等。

6. 乙炔气瓶使用时只能直立，不能横躺卧放，以防________流出，引起燃烧和爆炸。且瓶体表面温度不应超过________。

7. 气瓶上应装有防振橡胶圈，在搬运前先检查瓶上________是否拧紧。

8. 紫外线对人体过度照射，可引起眼睛急性________，称为电光性眼炎。

9. 焊接作业处，应把乙炔瓶和氧气瓶安放在________m 以外。

10. 气体保护焊时，经常作为保护气体的有________、________、________等混合气体。

11. 电气焊是危险性较大的特殊工种，________以上的天气不准露天作业。________以上的天气不准登高作业。

12. 氧气瓶、CO_2 气瓶、氩气瓶、乙炔瓶等绝对不可靠近________、________和________。

13. 为了防止焊工中毒，焊接________和________时必须戴口罩。

14. 在气焊和气割过程中有时发生________进入喷嘴内逆向燃烧的现象，这种现象通常称为回火。

15. 电流对人体的伤害有________与________。

16. 焊修汽车时，要特别注意两件事：一是________；二是________。

17. 一切防火措施，都是为了防止燃烧的三个条件同时出现，设法消除燃烧三个条件中的一个，即控制________；隔绝________；消除________。

18. 氧气瓶内的氧气不能全部用完，最后要留________MPa 的氧气，以便充氧时鉴别气体的性质和吹除瓶阀口的灰尘，以避免混进其他气体。

19. 常用的灭火方法有________、________、________等方法。

20. 对于较干燥而触电危险较大的环境，安全电压为________，对于潮湿而触电危险较大的环境，安全电压为________。

21. 置换补焊时常用的惰性介质主要有________，除此之外________和________等不燃气体在化工生产中也常作为安全保护气体。

22. 氧气瓶属于________容器，所以使用时要特别小心。

23. 氧气、乙炔减压器________相互换用。

24. 为了防止焊工中毒，焊接________和________时必须戴口罩。

25. 严禁补焊________的密封容器。

26. 在低压系统中，焊机的接地电阻不得大于________Ω。

27. 患有高血压、心脏病、精神病的焊工，不得________作业。

28. 焊机的________极接焊件，________极接焊条，这种接法，称为正接法（或称正接极）。反之，称反接法。

29. 焊接方法可分为________、________和________三大类。

30. 禁止利用厂房的金属结构、轨道、暖气设施等金属物体搭接作为________。

31. 在地沟里从事焊接作业时，要切记两件大事：一是________；二是________。

三、选择题

（一）单项选择题（选择一个正确的答案，将相应的字母填入题内的括号中）

1. 氧气瓶是储存和运输氧气用的高压容器，应严禁沾染（　　）。

A. 灰尘　　B. 油脂　　C. 水

2. 乙炔瓶使用时必须垂直固定放置，并与明火的距离应大于（　　）。

A. 10m　　B. 5m　　C. 15m

3. 人体在高频电磁场的作用下，会出现头晕、乏力、记忆力减退、失眠等症状，这种对人体的损害称为（　　）。

A. 电伤　　B. 电击　　C. 电磁场生理伤害

4. 在锅炉、容器、管道内和金属构架上的焊接操作，属于（　　）环境。

A. 普通　　B. 特别危险　　C. 危险

5. 焊接设备的金属外壳必须（　　）接地或接零。

A. 与其他设备一起　　B. 单独和可靠地　　C. 与二次线圈一起

6. 乙炔气瓶的瓶体色泽应为（　　）。

A. 天蓝色　　B. 白色　　C. 银灰色

7. 氧气瓶内氧气不能全部用完，最后要留（　　）MPa 的氧气。

A. 0.1　　B. 0.1~0.2　　C. 0.1~0.3　　D. 0.01~0.03

8. 为防备由焊、割作业而引起的火灾、爆炸事故，在作业现场应放置（　　）。

A. 消防器材　　B. 通风装置　　C. 除尘设备

9. 乙炔瓶至少每（　　）年进行一次全面检验。

A. 二　　B. 三　　C. 四

10. 焊机着火时，可使用干沙灭火。（　　）

A. 正确　　B. 不正确

11. 焊接设备的安装、维修必须由（　　）执行。

A. 电工　　B. 维修工　　C. 焊工

12. 在容器内焊接时，通风方式最好采用（　　）。

A. 压缩空气吹　　B. 采用风扇吹

C. 采用可移动式排烟罩　　D. 采用固定式排烟罩

13. 我国规定安全电压为（　　）。

A. 12V　　B. 24V　　C. 36V　　D. 45V

14. 当发生触电事故时，救护步骤首先是（　　）。

A. 用一只手去拉触电者　　B. 叫医生

C. 切断电源　　　　　　　　　　　　　D. 人工呼吸

15. 氧气瓶的连接方式是（　　）。

A. 顺旋　　　　　　B. 逆旋　　　　　　C. 夹紧

16. 高空作业时，地面上距焊接作业垂直点的水平安全距离是（　　）。

A. 5m　　　　　　B. 10m　　　　　　C. 15m

17. 目前国内生产的既安全又好用的钨极是（　　）。

A. 纯钨极　　　　　　B. 钍钨极　　　　　　C. 铈钨极

18. 焊枪发生回火的主要原因是（　　）。

A. 氧气压力过高　　　　B. 乙炔压力低　　　　C. 混合气体的流速小于燃烧速度

19. 二氧化碳气体保护焊是采用二氧化碳气体作为（　　）。

A. 保护对象　　　　B. 保护介质　　　　C. 电离介质　　　　D. 工作介质

20. 气割是利用气体火焰的热能，将工件切割处预热到一定温度后，喷出高速切割（　　），使其燃烧实现切割的方法。

A. 氧气流　　　　B. 乙炔气流　　　　C. 空气流　　　　D. 电弧

21. 通风可分为全面通风和（　　）两种方式。

A. 分散通风　　　　B. 局部通风　　　　C. 局部降温　　　　D. 专门送风

22. 登高焊割作业时，当遇（　　）以上风力时，应停止作业。

A. 四级　　　　　　B. 六级　　　　　　C. 八级

23. 氩气瓶外表颜色为（　　）。

A. 灰色　　　　　　B. 白色　　　　　　C. 黑色　　　　　　D. 蓝色

24. 登高焊割作业的高度为（　　）以上。

A. 4m 以上　　　　B. 1.5m 以上　　　　C. 2m 以上　　　　D. 3m 以上

25. 焊机的空载电压，一般是（　　）。

A. 24～36V　　　　B. 55～90V　　　　C. 110～220V

26. 与乙炔气长期接触的含铜零件，其铜的质量分数不得超过（　　）。

A. 80%　　　　　　B. 70%　　　　　　C. 75%　　　　　　D. 85%

27. 气焊（割）炬检漏所用的方法是（　　）。

A. 明火　　　　　　B. 肥皂水　　　　　　C. 点火　　　　　　D. 灌水

28. 特别危险区域，重点要害部门的动火需经哪级批准？（　　）

A. 部门领导　　　　B. 安全消防部门　　　　C. 企业领导

29. 氧气瓶的瓶体色泽应为（　　）。

A. 天蓝色　　　　　B. 淡蓝色　　　　　C. 蓝色

30. 用钍钨棒会产生放射性，因此钍钨棒应存放在铅盒内。（　　）

A. 正确　　　　　　B. 不正确

31. 焊割作业时，应把乙炔瓶或乙炔发生器和氧气瓶安放在作业场（　　）m 以外。

A. 12　　　　　　B. 5　　　　　　C. 10　　　　　　D. 20

32. 氧气瓶与乙炔瓶之间距离最小不得小于（　　）m。

A. 10　　　　　　B. 6　　　　　　C. 5　　　　　　D. 8

33. 在金属容器内焊接时，工作行灯的电压是（　　）。

A. 60V　B. 12V　C. 36V　D. 20V

34. 氧乙炔胶管应保持清洁，特别应避免（　）。

A. 沾污油脂　B. 沾水　C. 沾满灰尘

35. 焊炬、割炬的每个连接部位应具备良好的（　）。

A. 气压性　B. 气密性　C. 连接性

36. 乙炔与空气的混合比的爆炸极限是（　）。

A. 2.2% ~61%　B. 15% ~28%　C. 2.2% ~81%　D. 4% ~75%

37. 氩弧焊时，电弧光的辐射很强，产生的红外线与（　）的强度比较高，因此，焊工操作时应加强防护措施。

A. X 射线　B. 可见光线　C. 紫外线

38. 电弧光中的紫外线对眼睛的损害主要是造成（　）。

A. 电光性眼炎　B. 白内障　C. 眩目

39. 为防止焊工触电，在潮湿的地沟里作业，焊工脚下应垫上（　）。

A. 绝缘物　B. 木板　C. 铁板

40. 在动火点周围（　）m 以内，应禁止其他一切用火工作。

A. 100　B. 5　C. 20　D. 10

41. 严格控制含（　）是带压不置换动火的关键安全措施之一。

A. 气量　B. 氧量　C. 氢量　D. 水量

42. 始终保持（　）压是保证带压不置换动火的关键安全措施之一。

A. 低　B. 高　C. 正　D. 负

43. 登高作业时，梯子与地面的夹角不应大于（　）。

A. 30°　B. 60°　C. 45°　D. 70°

44. 在混合作业的现场，焊工的作业场地可用（　）法予以保证。

A. 隔阻　B. 隔离　C. 阻挡　D. 分段

（二）多项选择题（请从每题所给的选项中选择两个或两个以上正确答案填入括号内）

1. 特种作业人员必须持双证上岗，即特种作业（　）证。

A. 合格　B. 资格　C. 上岗　D. 操作资格

2. 气焊与气割操作时产生回火的具体原因有（　）。

A. 焊割嘴过热　B. 焊割炬过分接近熔融金属

C. 焊割嘴被飞溅物堵塞　D. 焊割炬阀门不严密

3. GB 9448—1999 国家标准规定，乙炔管的颜色、工作压力为（　）。

A. 黑色　B. 红色　C. 0.3MPa　D. 0.5MPa

4. 焊接发生间接电击事故的主要原因有（　）。

A. 人体碰触漏电的焊机外壳　B. 焊机线路发生故障而引起的事故

C. 由于利用厂房的金属结构、管道、轨道、行车吊钩或其他金属构件物作为回路而发生触电事故

D. 焊工接触裸露的电缆线

5. 焊割作业后的安全检查应做到（　）。

A. 检查漏焊，假焊并补焊　B. 焊件未冷却不交付使用

C. 检查火种，关闭水电气　　　　　　　　D. 彻底清理场地

6. 按照规定不得从事登高作业的对象有（　　）。

A. 高血压　　B. 近视眼　　C. 酒后人员　　D. 心脏病

7. 焊割作业中燃烧和爆炸的条件是（　　）。

A. 可燃物　　B. 助燃物　　C. 着火源　　D. 无法控制

8. 一般动火的安全措施有拆迁、置换、移去危险物品、准备消防器材及（　　）。

A. 隔离　　B. 清洗　　C. 敞开设备　　D. 加强通风

9. 下列哪（　　）几种做法属于不安全行为？（　　）

A. 工作前戴好手套，穿好绝缘鞋和工作服。

B. 用手推、拉电源开关。

C. 工作前检查设备、工具的绝缘层及接地，接零是否良好

D. 将焊钳夹在腋下去搬弄焊件。

E. 在检修焊机、更换熔丝、改变极性时先切断电源。

F. 衣服潮湿时，倚靠在工作台上休息。

G. 为腾出手将电缆绕挂在脖颈上。

H. 利用厂房的金属结构，管道或其他金属搭起来作为导线使用。

10. 使触电者尽快脱离低压电源的方法可选择（　　）。

A. 就近拉闸　　　　　　　　B. 用绝缘工具剪断电源线

C. 通知供电部门拉闸　　　　D. 用手拉开电线

11. 在焊接工作中，能强烈刺激呼吸道的有（　　）。

A. 碱及碱土金属氧化物　　　　B. 氟化物

C. 臭氧　　　　　　　　　　　D. 氮氧化物

12. 在焊接工作中，能引起慢性中毒的有（　　）。

A. 锰蒸气　　B. 铅蒸气　　C. 氧化镉蒸气　　D. 氧化铁粉尘

13. 氧气胶管与乙炔胶管爆炸的原因是（　　）。

A. 回火的火焰进入胶管　　　　B. 氧气胶管内沾有油脂

C. 胶管使用不当而造成强度降低

D. 乙炔与氧气或空气的混合气体

14. 埋弧焊的安全操作技术主要是以下几点：（　　）。

A. 导线应绝缘良好　　　　B. 控制箱外壳的接线板必须盖好

C. 焊接过程中要注意防止焊剂突然停止送给

D. 应戴好口罩

15. 影响爆炸极限范围变化的因素有（　　）。

A. 温度　　B. 时间　　C. 压力

D. 含氧量　　E. 容器体积

16. 焊工长期接触金属烟尘，若防护不良则有形成（　　）的危险。

A. 皮肤金属化　　B. 金属热　　C. 锰中毒　　D. 焊工尘肺

17. 钨极氩弧焊的有害因素有：（　　）。

A. 放射性　　B. 高温　　C. 高频电磁场　　D. 臭氧和氮氧化合物

18. 移动式乙炔发生器应离高温和明火 10m 以外，放置还有下列要求：（   ）。

A. 空气流通　B. 无振动　C. 有人看管　D. 使用便当

19. 回火防止器的作用是当焊（割）炬发生回火时，（   ）。

A. 切断着火源　B. 切断乙炔通路

C. 排出混合气　D. 隔绝空气

20. 在禁火区域动火时，动火执行人员拒绝动火的原因是（   ）。

A. 未经申请动火　B. 无动火证

C. 超越动火范围　D. 超过规定时间

21. 防止焊工发生触电事故的安全措施应有良好的隔离防护和良好绝缘，还应有（   ）。

A. 防止焊机受潮　B. 安装自动断电装置

C. 加强个人防护　D. 可靠的保护接地或保护接零

22. 一般动火前采用的检查方法是：（   ）。

A. 查询　B. 嗅　C. 看　D. 测爆

23. 使触电者尽快脱离低压电源的方法可选择（   ）。

A. 就近拉闸　B. 用绝缘工具剪断电源线

C. 通知供电部门拉闸　D. 用手拉开电线

24. 焊补燃料容器和管道的常用安全措施有两种，称为（   ）。

A. 置换补焊　B. 带压置换补焊

C. 带压不置换补焊　D. 大电流补焊

25. 乙炔瓶口着火时的正确处理方法有（   ）。

A. 水泼　B. 覆盖　C. 关阀　D. 灭火器喷

26. 置换焊补时常用的惰性介质主要有（   ）。

A. 氧气　B. 氮气　C. 水　D. 二氧化碳

27. 温度较高能够自燃的气体有（   ）等。

A. 氧气　B. 液化石油气　C. 氢气　D. 空气

28. 搬运气瓶时，属不安全的行为有（   ）。

A. 在地上滚动　B. 用专用车推

C. 一手扶瓶帽一手斜滚　D. 从车上用脚蹬

29. 感应钎焊的安全措施主要有（   ）。

A. 防触电　B. 防爆炸　C. 防高频危害　D. 防干烧

30. 影响电流对人体伤害严重程度的因素有（   ）等。

A. 电流的大小　B. 通电形式

C. 电流通过人体的途径　D. 触电者健康状况

31. 按照焊接过程中金属所处的状态不同，可以把焊接方法分为（   ）三类。

A. 熔焊　B. 电焊　C. 压焊　D. 钎焊

32. 焊接作业造成的可能伤害有（   ）等。

A. 爆炸　B. 火灾　C. 挤压　D. 中毒

33. “四不放过”的事故处理原则是（   ）。

A. 事故原因不清楚不放过　　B. 责任者和群众没有受到教育不放过
C. 整改防范措施不落实不放过　　D. 责任者没有受到处理不放过

34. 防止电弧光辐射，除了严禁直视电弧外，还要做到：（　　）。
A. 穿专用工作服　　B. 场地要用挡板
C. 注意眼睛适当休息　　D. 场地要有足够的照明

35. 在狭小舱室或容器内进行了焊接时，应采取的安全措施是：（　　）。
A. 加强绝缘　　B. 有效通风　　C. 戴防护眼镜　　D. 舱室或容器外有人监护

36. 电弧焊时，为防止焊工被弧光和飞溅物灼伤身体及防止触电，应配备的辅助工具有手套以及（　　）。
A. 白帆布工作服　　B. 绝缘鞋　　C. 防护眼镜　　D. 尖头锤头

37. 带压不置换动火的焊接安全措施有（　　）。
A. 清空管道、容器内物料　　B. 正压操作
C. 彻底清洗　　D. 认真进行气体分析，严格控制系统的含氧量

38. 对难清洗掉的垢物，应选用（　　）工具清除。
A. 铁铲　　B. 砂轮
C. 木铲　　D. 70%以下的铜、铝合金刀具

39. 焊接产生的有毒气体主要指：（　　）。
A. 臭氧　　B. 二氧化碳　　C. 一氧化碳　　D. 氮氧化物

40. 发生触电事故的一般规律是（　　）容易触电。
A. 夏天或衣服、环境潮湿　　B. 秋天或衣服、环境潮湿
C. 疲劳作业　　D. 违章作业

41. 引起电焊设备过度发热的不正常运行的原因大致有（　　）和其他原因。
A. 短路　　B. 接触电阻小　　C. 超负荷　　D. 接触电阻过大

四、简答题

1. 什么叫回火？怎样防止回火？
2. 焊接的电气安全技术主要有几点？
3. 焊工怎样防止触电？
4. 怎样安全使用焊、割炬？
5. 乙炔和氧气胶管发生爆裂的主要原因是什么？
6. 氧气瓶的使用方法及注意事项？（至少回答五条）
7. 登高作业的安全防护要点有哪些？
8. 对焊接电源的基本安全要求是什么？
9. 焊条电弧焊安全技术有哪几项？
10. 气焊工如何防止中毒？
11. 什么是特种作业？
12. 灭火的基本技术措施有哪些？
13. 使用乙炔瓶有哪些安全要求？
14. 焊缝缺陷进行挖补时，应遵守哪些规定？

金属焊接与切割作业安全技术考核复习题答案

一、判断题

1. √　2. ×　3. ×　4. √　5. ×　6. ×　7. √　8. √　9. √　10. ×　11. ×　12. √
13. √　14. √　15. ×　16. ×　17. √　18. √　19. √　20. ×　21. √　22. √　23. √
24. ×　25. √　26. ×　27. √　28. ×　29. √　30. √　31. √　32. √　33. √　34. √
35. √　36. ×　37. ×　38. √　39. ×　40. ×　41. √　42. √　43. √　44. √　45. ×
46. ×　47. ×　48. ×　49. √　50. √　51. √　52. √　53. √　54. ×　55. √　56. √
57. √　58. ×　59. √　60. ×　61. ×　62. ×　63. ×　64. √　65. ×　66. ×　67. ×
68. √　69. ×　70. ×　71. ×　72. ×　73. √　74. √　75. √　76. ×　77. ×　78. ×
79. √　80. √

二、填空题

1. 触电　烧伤　火灾　爆炸　中毒　2. 调到零　缓缓打开　3. 直接电击　间接电击　心脏　肺　中枢神经系统　4. 天蓝　黑漆　氧气　5. 氧气　乙炔　液化石油气　6. 丙酮　40℃　7. 安全帽　8. 角膜结膜炎　9. 10　10. 二氧化碳　氩气　氦气　11. 六级风　五级风　12. 火源　电源　热源　13. 黄铜　镀锌管　14. 气体火焰　15. 电击　电伤　16. 卸下油箱　拆下蓄电池线　17. 可燃物　空气　火源　18. 0.1～0.2　19. 隔离冷却　窒息　20. 36V　12V　21. 氮气　水蒸气　二氧化碳　22. 高压　23. 不能　24. 黄铜　镀锌管　25. 未开孔　26. 4　27. 登高　28. 正　负　29. 熔焊　压焊　钎焊　30. 接地线　31. 排风　易燃液体

三、选择题

（一）单项选择题

1. B　2. A　3. C　4. B　5. B　6. B　7. B　8. A　9. B　10. B　11. B　12. B
13. C　14. C　15. A　16. C　17. C　18. C　19. B　20. A　21. B　22. B　23. A
24. C　25. B　26. B　27. B　28. B　29. A　30. A　31. C　32. C　33. B　34. A
35. B　36. C　37. C　38. A　39. A　40. D　41. B　42. C　43. B　44. B

（二）多项选择题

1. BD　2. ABC　3. AD　4. ABC　5. ABCD　6. ACD　7. ABC　8. ABCD　9. BDFGH
10. AB　11. ABCD　12. ABCD　13. ABC　14. ABCD　15. AC　16. BCD　17. ACD
18. ABCD　19. AB　20. ABCD　21. ABCD　22. BCD　23. AB　24. AC　25. BCD
26. BCD　27. BC　28. ACD　29. ACD　30. ACD　31. ACD　32. ABD　33. ABCD
34. ABCD　35. ABD　36. ABC　37. BD　38. CD　39. ACD　40. ACD　41. ACD

四、简答题

1. 答：

当氧乙炔混合气体的流出速度小于混合气体的燃烧速度时，火焰则沿乙炔胶管倒退，产生逆向燃烧，并发出吱吱声响声或连续放炮声，这种现象叫回火。

防止办法：1）焊嘴不要堵塞，保证气流畅通。

2）焊嘴过热，及时冷却。

3）乙炔胶管不能太长，太细，或曲折太多。

4）焊嘴不要过分靠近高温熔化金属。

5）保证阀门严密不漏气。

6）点火前要放净乙炔胶管里的混合气体。

2. 答：

1）做好个人防护（工作前要戴好手套，穿好绝缘鞋和工作服）。

2）工作前要检查设备、工具的绝缘层是否有破损现象，焊机接地、接零及焊机各接点是否良好。

3）在搬运、检修焊机、更换熔丝，改变极性，改接二次回路时，需先切断电源。

4）推、拉电源开关时，要戴绝缘手套，动作要快，并站在侧面，以防止电弧火花灼伤面部。

5）更换焊条时，一定要戴好绝缘手套，对于空载电压和工作电压较高的焊接操作，还应在工作台附近地面上铺好绝缘胶皮或其他的绝缘材料。

6）身体出汗，衣服潮湿时，切勿靠在带电的焊件上。

7）在带电的情况下，不要将焊钳夹在腋下去搬弄焊件或将电缆绕挂在脖颈上。

8）在狭小的密室或容器内焊接时，要设有监护人员。

9）严禁利用厂房的金属结构，管道、轴道或其他金属搭起来作为导线使用。

10）避免焊机超负荷运行使绝缘损坏或设备烧损。

3. 答：

1）焊机外壳必须可靠接地或保护接零。

2）不准赤手触摸带电部位。

3）工作时必须穿绝缘鞋，戴绝缘手套。

4）不准赤手更换焊条。

5）工作电压要低于36V。

6）在大型容器里焊接作业，如果出汗过多，要及时更换已经潮湿了的工作服和手套，脚下垫绝缘胶皮，或干燥木板，并有专人监护。

7）在潮湿地沟作业，脚下垫绝缘物，并设监护人。

4. 答：焊炬安全的使用：

1）使用前必须检查其射吸性能是否正常，以及焊炬各连接部位及调节手轮的针阀是否漏气。

2）焊炬射吸性能检查正常后，把乙炔胶管连接在乙炔接头上，检查焊炬是否漏气。

3）焊炬的各气体通道都不得沾染油脂，以防止氧气遇油脂燃烧或爆炸，同时焊嘴的配

合面不得碰伤，防止漏气而影响使用。

4）经检查合格后，才能点火。

5）停止使用时，先关闭乙炔手轮，后关闭氧气手轮，以防止火焰回烧和产生黑烟。

6）停止使用后，焊炬应挂在适当的地方，或拆下胶管并将焊炬存放在工具箱内。

割炬的安全使用：

1）在切割前要注意将工件表面的厚漆皮、厚锈皮和油水污物等加以清理防止油漆燃着锈片爆溅伤人。在水泥地面上切割时，应垫高工件，防止水泥地面受热爆溅伤人。

2）进行切割时，飞溅出来的金属微粒与熔融微粒很多，割嘴的喷孔很容易被堵塞，因此，应该经常用通针通一下，以免发生回火。

3）装配割嘴时，必须使内嘴与外嘴严格保持同心，这样才能保证切割用的氧气射流位于环行预热火焰的中心。

4）内嘴必须与高压氧气通道紧密连接，以免高压氧气漏入环行通道而把预热火焰吹熄。

5）在正常工作停止时，应先关闭切割氧调节阀，再关闭乙炔和预热氧调节阀，一旦发生回火时，应快速地按以上顺序关闭各个调节阀。

5. 答：主要原因有：

1）胶管里形成了乙炔和氧气或乙炔和空气的混合气。

2）由于回火引起胶管爆裂。

3）由于挤压硬伤、磨损、腐蚀或保管维护不善使胶管老化，强度降低或漏气。

4）制造质量不符合安全标准要求。

6. 答：

1）氧气瓶内的氧气不能全部用完，最后要留 0.1 ~ 0.2MPa 的氧气以便充氧时鉴别气体的性质和防止空气或可燃气体倒流入氧气瓶内。

2）氧气瓶必须做定期检查，合格后才能继续使用。

3）氧气瓶一般直立放置，且必须安放稳固，防止倾倒。

4）严禁氧气瓶阀、氧气减压器、焊炬、割炬、氧气胶管等粘上易燃物质和油脂。

5）取瓶帽时，只能用手或扳手旋转，禁止用铁器敲击等，以免引起火灾或爆炸。

7. 答：

1）凡登高作业进行焊割操作或登高作业区域，必须使用标准的安全带，应使用符合安全标准的梯子，梯脚需包滑。

2）在登高接近高压线或裸导线时，或距离低压线 2.5m 以内时，必须停电后方可操作，这时应设有监护人。

3）焊条、工具等必须装在牢固无孔洞的工具袋内，焊条头不得随意往下扔。

4）登高焊割作业点周围及下方地面上，凡火星所及的范围内应彻底清除易燃易爆物品。一般在地面 10m 之内应标注隔离，工作过程中，需要专人看护。

8. 答：

1）空载电压不能过高。

2）焊机必须有足够的容量，有单独控制装置，并装在操作方便的地方能自动切断危险电流。

3）焊机所有外露带电部分，必须有防护罩或绝缘隔离板。

4）焊机各个带电部分之间及外壳对地之间，必须符合绝缘标准要求，其电阻值不小于1MΩ。

5）焊机合理，维修方便，各接触点和连接件应牢固。

6）焊机不带电的金属外壳，必须采用保护接零或保护接地的防护措施。

9. 答：

1）在下雨下雪时，不得进行露天施焊。

2）在高处作业时，焊接电缆不准放在焊机上，横跨道路的焊接电缆必须装在铁管内防止被压破漏电，事先检查周围有无易燃易爆物品操作者必须系好安全带。

3）严禁将焊接电缆与气焊的胶管混在一起。

4）二次电缆不宜过长，一般应根据工作的具体情况而定。

5）在施焊过程中，当焊机发生故障而需要检查时，必须切断电源后才能进行，禁止在通电情况下用手触动焊机的任何部位，以免发生事故。

6）在船舱内焊接时，应设法通风或两人轮换操作。

7）在容器内焊接时，应使用胶皮绝缘防护用具，并在附近安装一个电源开关，由专人负责看管和监护，同时要听从焊接操作人员的指示，随时通断电源。

8）在焊接时，不可将焊件拿在手中或用手扶着焊件进行焊接。

9）连续焊接超过1h后，检查焊机电缆，若发热，温度达到80℃时，必须切断电源。

10. 答：

1）焊工的工作现场必须装有排烟机焊接烟尘特别大的工件还要采取局部排烟措施。

2）焊接黄铜和镀锌管或其他有色金属，除有良好的排烟装置外，焊工必须戴口罩。

3）在确保质量的前提下，尽量少用或不用毒性较大的碱性焊条。

4）在容器里面工作，除安装排烟机外，还要注意休息，定时到外面做深呼吸。

11. 答：对操作者本人以及对他人和周围设施的安全有重大危害因素的作业，称特种作业。

12. 答：灭火的基本原理是火灾一旦发生，只要消除燃烧三个基本条件中的任何一条，火则熄灭。

灭火的基本技术措施主要有：

1）窒息法，即消除氧化剂。例如乙炔瓶或乙炔发生器着火，应用灭火器灭火，使燃烧物与空气隔绝开来。

2）隔离法，即消除可燃物。例如乙炔瓶在灌瓶时，一旦乙炔瓶着火，应立即关闭灌气管路的截门，阻止乙炔气继续进入火场。

3）冷却法，即消除着火源。例如用自来水冷却燃烧物，使温度降低至着火点以下。

13. 答：使用乙炔瓶的安全要求如下：

1）乙炔瓶使用时必须配用合格的乙炔专用减压器和回火防止器。

2）乙炔瓶距火源应10m以上，夏季不得在烈日下暴晒，瓶温不得超过40℃。

3）乙炔瓶运输、存放和使用时，只能直立，不能横躺卧放，以防丙酮流出。如果需使用已卧放的乙炔瓶时，必须先直立并静置20min，再装上乙炔减压器后使用。

4）特别要注意，乙炔瓶应轻装轻卸，用小车输送，严禁人抬、肩扛或在地上滚动。不

得遭受剧烈震动或撞击，以免填料下沉形成净空间。

5）瓶内气体严禁用尽，必须留有余气（0.1～0.2MPa）。

14. 答：焊接缺陷挖补时应遵守下列规定：

同一位置上的挖补次数不得超过三次，中、高合金钢不得超过二次；彻底清除缺陷；补焊时，应制定具体的补焊措施，并按照工艺要求进行；需进行热处理的焊接接头，返修后应重做热处理。

参 考 文 献

[1] 国家质量技术监督局. GB 9448—1999 焊接与切割安全［S］. 北京：中国标准出版社，1999.

[2] 全国特种作业人员安全技术培训复审教材编委会. 金属焊接与切割作业［M］. 北京：气象出版社，2003.

[3] 国家经贸委安全生产局. 金属焊接与切割作业［M］. 北京：气象出版社，2002.

[4] 山东省安全生产监督管理局. 金属焊接与切割作业［M］. 北京：煤炭工业出版社，2004.

[5] 朱兆华、郭振龙. 焊工安全技术［M］. 北京：化学工业出版社，2005.

[6] 国家经贸委安全生产局. 电工作业［M］. 北京：气象出版社，2001.